THE ELEMENTS OF DECORATIVE STYLES

软装风格要素 上册

吴天篪（TC 吴） 著

江苏凤凰科学技术出版社

图书在版编目（CIP）数据

软装风格要素．上册 / 吴天篪著．-- 南京 ：江苏凤凰科学技术出版社，2016.8
ISBN 978-7-5537-6575-4

Ⅰ．①软… Ⅱ．①吴… Ⅲ．①室内装饰设计 Ⅳ．①TU238

中国版本图书馆CIP数据核字(2016)第140544号

软装风格要素（上册）

著　　者	吴天篪（TC吴）
项目策划	凤凰空间／段建姣
责任编辑	刘屹立
特约编辑	段建姣
出版发行	江苏凤凰科学技术出版社
出版社地址	南京市湖南路1号A楼，邮编：210009
出版社网址	http：//www.pspress.cn
总　经　销	天津凤凰空间文化传媒有限公司
总经销网址	http：//www.ifengspace.cn
印　　刷	北京博海升彩色印刷有限公司
开　　本	889 mm×1 194 mm　1／16
印　　张	15.5
字　　数	250 000
版　　次	2016年8月第1版
印　　次	2018年2月第2次印刷
标准书号	ISBN 978-7-5537-6575-4
定　　价	168.00元

图书如有印装质量问题，可随时向销售部调换（电话：022-87893668）。

出版前言
Foreword

在短短的十几年时间里，中国的家庭装饰行业经历了一个从无到有、从过去以过度硬装为主导到现在逐渐认识软装才是空间主角的快速发展历程。由于长期的信息交流不对等，以及专业师资与真实资料的匮乏，人们对于源自于欧美的装饰艺术普遍存在着诸多疑惑、偏差、歧义和曲解，造成今天因概念混淆而各自表述的混乱局面已经成为行业发展的绊脚石。“风格真相就是文化真相，风格起源就是软装起源”，这并不是一句普通的口号，而是对软装艺术本质的揭示。了解和尊重那些与经典风格息息相关的文化内涵，既是衡量一名软装设计师职业素养的标尺，也能体现出一名软装设计师的专业态度。

“追根溯源，正本清源，去伪存真，实事求是”，是我编写本书的初衷和目标。源自于欧美传统家居文化的每一款家具、每一种色彩、每一幅图案和每一件饰品都蕴含着极其丰富的文化信息，只有出现在与其相对应的空间当中才能真正体现出其存在的价值。如果把软装设计比作美食烹饪，那么由于对真相的了解有限，长期以来人们习惯于采用中国的食材和烹饪方法试图烹调出一道道法式大餐或者意大利美食，其结果必然会与真相风马牛不相及。如果把经典风格比作一根根穿线，那么所有的软装要素就是一颗颗五光十色的宝石；只有按照一定的方式穿入经典风格这根穿线，那些宝石才能形成一串串美丽的项链。了解和掌握经典风格的意义就在于使文化成为家庭装饰艺术的主轴线，从本质上理解文化内涵对于软装艺术的价值和意义。

本书以流行于欧美最具代表性的 30 种装饰风格作为研究对象，从起源、建筑、室内和软装这 4 个方面进行了广泛而深入的剖析，其中很多内容在国内均属首次出现。本书主要讲述了建筑、室内和软装最具代表性的特征与符号，其中以软装要素作为本书的重点内容。仍以烹饪来举例，设计师可以像厨师看菜谱一样来看待本书。虽然书中没有为具体设计方案提供一整套的设计方法，但是将 30 种经典装饰风格的来龙去脉和组成要素进行深入、细致地解剖与分解，其本身就为设计方案描绘了一个明确的轮廓，最终效果需要依靠设计师的个人修养与理解领悟。任何经典装饰风格都不是死板僵硬的模板公式，而是为设计提供一个方向性的指南，同时也是设计师取之不尽、用之不竭的灵感源泉。

为了确保本书内容的真实性与准确性，力求使写出来的每一句话均有据可查，编写过程中我查阅了大量的原版资料，在此要特别感谢所有的资料提供者以及这些年来所有的理解者、鼓励者和支持者。本书力求语言简练、深入浅出、图文并茂、结构清晰、通俗易懂，适合于作为高等院校相关专业的专业教材、软装设计师和相关从业人员的参考工具和工作指南，以及软装艺术爱好者的普及读物。

吴天篪（TC 吴）

2016 年 5 月

序 Preface

1. 风格的概念

每一种欧美经典装饰风格（以下简称经典风格）的诞生都与其所处的时代背景和自然环境息息相关。大多数经典风格是由特定的生活方式经过长期的积累和沉淀所造就，比如传统的田园或者乡村风格等；还有一些经典风格是由某些或者某个人物所创造或者主导，比如洛可可或者现代风格等；它们在一定时间和一定区域内受到特定人群的喜爱并流行，逐渐定型并且流传至今；它们后来成为艺术评论家和设计理论家研究和归纳的对象，最终成为我们今天称之为经典风格的装饰式样。

任何一种经典风格均由一系列特定的硬装特征与软装要素所组成，其中的一些特征与要素具有其与生俱来的标志性符号，是人们识别和表现它们的依据，比如特定的图案或者饰品等。硬装与软装从来都是如影相随、相辅相成和相得益彰的，如无软装的精美硬装仅具有某种欣赏价值，但是没有硬装的完整软装则具有一定的实用价值。

以区域和文化的差异特征来归纳，欧美经典风格大致可以划分为八大概念，它们分别是：地中海概念、田园概念、现代概念、法式概念、英式概念、美式概念、阿拉伯概念和当代概念。①地中海概念。包括希腊爱琴海风格、意大利托斯卡纳风格和西班牙殖民风格。②田园概念。包括英式田园风格、法式田园风格、美式田园风格、瑞典田园风格、南方风格、怀旧风格和新怀旧风格。③现代概念。包括维多利亚风格、装饰艺术风格、好莱坞摄政风格、现代风格、北欧简约风格、复古风格和工业风格。④法式概念。包括法国巴洛克风格、法国洛可可风格和法国新古典风格。⑤英式概念。包括英国新古典风格。⑥美式概念。包括美国联邦风格、美国西部乡村风格、美国西南风格和美国工匠风格。⑦阿拉伯概念。包括阿拉伯风格、摩洛哥风格和波希米亚风格。⑧当代概念。包括海岸风格和当代风格。

本书总共叙述了 30 种欧美最具代表性的装饰风格。这 30 种经典风格就好似 30 个人，每个人都有着与生俱来、与众不同的出身背景、成长经历、体貌长相和性格特征等，这些是其最具识别性和标志性的烙印和符号，也是职业设计师了解和掌握它们的金钥匙。

每个人之间可能由于历史、地域或者血缘等因素而存在着千丝万缕的关联，比方说我们是南方人或者来自某城市等。同样地，很多经典风格也存在着某种或深或浅、内在或外在的关联或者历史渊源，这些关联主要包括四大类别：①因果关联，比如英式田园风格与美式田园风格；②前后关联，比如法国巴洛克风格与法国洛可可风格；③近亲关联，比如法国洛可可风格与瑞典田园风格，法国新古典风格、英国新古典风格与美国联邦风格，法式田园风格、英式田园风格与新怀旧风格，西班牙殖民风格与美国西部乡村风格，西班牙殖民风格与摩洛哥风格，复古风格与北欧简约风格，现代风格与工业风格，装饰艺术风格与好莱坞摄政风格，美国西部乡村风格与美国西南风格；④远亲关联，比如维多利亚风格与法国洛可可风格、装饰艺术风格与现代极简风格、现代极简风格与北欧简约风格、怀旧风格与新怀旧风格、美国西部乡村风格与西班牙殖民风格。

所有的经典风格均有着非常明确的特征与要

素，除了运用混搭设计手法之外，那些特征与要素通常不可任意混淆。如果把软装设计比作烹饪，那么职业设计师很像是职业厨师。如果以家具代表主料，灯具和布艺就像是辅料，饰品则如同调味品，是最终烹调出美味佳肴的关键。普通人只需根据口感和喜好来评判菜肴的好坏，但是高级厨师和美食家则需要有一个敏锐的舌尖，除了口感之外，还需要分辨出菜肴所包含的全部内容甚至烹饪过程，这就是业余与专业的区别。对于职业设计师来说，练就一双能够识别真伪的火眼金睛是从业的基本功之一。

作为软装背景和陪衬的硬装，是在房屋的结构部分建造完成之后，对房屋的内部空间所进行的修饰和美化工作，主要包括针对空间所进行的不易变换的安装、铺贴、粉饰或者绘画工作。硬装的项目可繁可简，主要依据所选择经典风格的硬装特征而定。软装是在经过硬装工程完毕之后所进行的、可轻易变换的内部装饰，其构成材料主要包括四大类别——家具、灯具、布艺和饰品，每一个类别下面又包含了很多细分的单项。比如家具类包括了客厅家具、餐厅家具和卧室家具等；灯具类包含了吊灯、壁灯和台灯等；布艺类涵盖了窗帘、床品和靠枕等；饰品类包罗了花瓶、烛台、镜框、画框、托盘和陶瓷等。它们根据某种经典风格的组合方式，既要体现出房屋主人的个人品位、身心修养与生活方式，又要表现出设计师的美学涵养。

每一个家庭里，家具始终都是空间的主角，灯具和布艺则为配角。灯具既要照亮别人也要表现自己；布艺是软化家具、灯具以及整个空间的柔化剂，同时也是空间内所有软装要素的融合剂；饰品是最后实现装饰风格的基石，也是空间的魅力之源。如果没有饰品，那么无论主角和配角加在一起多么丰富多彩，仍然会显得苍白无力。一旦确定了某一经典风格的家具式样之后，所有的灯具、布艺和饰品均应该围绕家具来做整体考量和选择，经典风格在室内装饰中的角色举足轻重。

2. 风格的意义

很多人认为经典风格不过是一些过去式，其实我们正在经历的每一分每一秒都正在成为过去式；过去式在这里并非代表着过去了不再出现，也不代表过去式都是一些老古董。事实上，很多经典风格现在仍然在世界范围内广泛流行，也有不少经典风格诞生的年代离我们现在并不遥远，只是我们不太了解罢了。经典风格主要包含了从文艺复兴时期一直到现在已流行过的和正在流行的式样，本书就精选了欧美大陆最具代表性的国家或地区，以及在此地诞生的最有影响力的 30 种经典风格。

了解和学习经典风格的意义不在于复制一些所谓的“欧式”或者“美式”，而在于真正了解并区分作为每个风格根源的文化内涵。作为文化的重要表现形式之一，家庭装饰艺术最能反映出其所处时代人们的生活方式、生活品质与精神面貌等。经典风格伴随着文化的发展、进步而不断演化、前进着，它不仅是今天装饰艺术的起源，也是当代软装设计的灵感源泉，这就是我们今天需要了解经典风格的目的。

了解和学习经典风格的意义包括：①经典风格本身是赋予其生命的那个时代的文化产物，既是文化的表现形式之一，也是文化传承的重要载体，学习经典风格的精神内涵就是了解文化的精神内涵；②经典风格的起源也是装饰艺术的起源，软装艺术是整个装饰艺术当中十分重要的组成部分，学习经典风格的来龙去脉就是了解软装艺术的来龙去脉；③能够称之为经典风格的装饰式样意味着其主要特征与要素均已定型，但并非一成不变，学习经典风格的整体概念就是学习软装艺术的整体概念，所谓整体概念就是统一考虑硬装特征与软装要素。

经典风格就像是指南针，虽然它并不能够明确指出我们最终的结果，但是它却能够引导我们不会偏离大方向。一旦这个大方向确定下来之后，接下来设计师需要顺着这个方向去收集和查阅大量相关的信息资料，去感受其背后的情感和内涵，同时也希望获得创作灵感。本书的作用在于帮助设计师确定某个大方向，作为设计师思考和收集资料的参考和指南，并且为设计师更深入地学习提供一种正确的方法。

经典风格是我们取之不尽、用之不竭的灵感源泉，它能够帮助我们建立新风格，创造新式样，同时还能够使我们避免走弯路和走偏。这就好比学习书法必须首先练习并且精通篆、隶、草、楷、行五大字体一样，所有的书法大家无不是在自小刻苦临摹这五大书法字体的基础之上而有所感悟、有所创新。学习经典风格类似于书法练习中的描红与临帖，描红与临帖都只是练习的手段而不是练习的目的，是过渡到独立书写阶段之前的“拐杖”。每一个行业均有其生存与发展的基石，没有那些深藏不露的坚实基石——理论知识，就没有那些巍峨壮观的上层建筑——实现作品。经典风格正是装饰行业理论基石中的重要组成部分。

软装艺术所包含的式样基本上可以划分为两大类：经典风格与运用混搭手法而创作的折衷风格。作为一名初级设计师，他必须首先学习和了解每一种经典风格的基本特征与要素；对于中级设计师来说，则需要熟练掌握并理解每一种经典风格背后的精神内涵；而高级设计师则应该十分精通每一种经典风格，熟练运用混搭手法，最终创造出属于自己的新生命。那种认为可以不用经过初级到中级的阶段而一步登天的想法，必然会导致因为没学好走路而一跑就摔的困境，这正是很多设计师在达到一定高度之后便面临瓶颈的缘由。

三个阶段，三个步骤，不是生搬硬套设计公式，而是为了了解历史站得更高，因为看到多远的过去才能看到多远的未来；更重要的是为了活学活用、融会贯通、深刻理解并举一反三。学习经典风格的目的不在于简单地模仿、复制和重现它们，而在于继承优良的家居传统，吃透经典风格所蕴藏的丰富文化内涵，认识软装艺术的本质，以激发创作灵感为最终目的，这就是学习经典风格的根本意义。

3. 风格的应用

应用本书的方式有两种：其一，作为全面了解或者再现欧美经典风格的指南；其二，成为某经典风格下单品开发的指南。成功再现经典风格的方法无外乎两个层面：首先熟悉并掌握经典风格的文化背景，然后将其硬装特征与软装要素牢记在心，因为它们都是使你终生受益的创作素材。需要特别强调的是，对于大多数并不具备天赋的设计师来说，模仿过程就是学习过程，没有一个脚踏实地、虚心模仿的过程就不会有举一反三、融会贯通的那一天。

无论是客户还是设计师都需要首先确定装饰设计的基本格调，是现代感十足还是古典味浓厚，是严谨自律还是轻松随意，是自由浪漫还是庄严大气等。想要现代感十足的装饰式样可以考虑工业风格或者北欧简约风格；希望古典味浓厚的装饰式样可以看法国巴洛克风格或者法国新古典风格；轻松随意的装饰式样包括意大利托斯卡纳风格、美式田园风格、瑞典田园风格、西班牙殖民风格或者美国西部乡村风格；美国工匠风格几乎是严谨自律的代名词；憧憬自由浪漫的装饰式样有英式田园风格、法式田园风格、海岸风格、维多利亚风格或者法国洛可可风格等等；庄严大气的装饰式样非美国联邦风格或者英国新古典风格莫属，诸如此类。

如何做好一个家庭软装设计是一个普遍存在的问题。从经典风格的概念中我们知道很多风格之间存在着某种内在或者外在的关联，如将那些有着相近或者类似背景的风格进行重组，就可以得到一个和谐的混搭效果，但如将那些毫不相干或者前后矛盾的风格进行混搭，最后得到的很可能是杂乱无章的视觉效果，这是关于应用经典风格的基本原则。

进行软装设计的方式有很多种，就好像串珠组合方式也有很多种一样，其中最常见的设计方式一般可以划分为 3 个层级：①房屋主人根据自己的喜好将各种软装要素进行自由组合搭配——强调主人的个人品位；②设计师根据某种经典风格进行纯正的经典风格再现——表现设计师的专业水平；③设计师的设计灵感来自于某种或者某些经典风格——彰显设计师的创新能力。

如果把经典风格比作装饰的骨骼，那么软装要素则是装饰的肌肤，它们两者必须配合得天衣无缝才能呈现出完美的外表，然而它们都还只是作为实体而存在的外在事物。什么是装饰的灵魂，灵魂就是我们通过装饰的手段所要表达的主题意图。什么是主题，对于装饰艺术来说，它可能与人文历史、风土人情、自然环境，或者与某次旅行、某个故事和某张照片有关，又或者表达出主人的个性和爱好等。经典风格常常是主题灵感的来源，如何表达主题是一个更高层次的问题，因为它牵涉到设计师的修养与境界。

很多人担心学习了经典风格会束缚其创作的手脚，其实束缚创作手脚的不会是经典风格而很可能恰恰是自己，因为在任何经典风格的诞生地并非呈现出千篇一律的外观，但却保持了一致的精神内涵。在这里需要特别向所有设计师阐明一个道理，那就是——“了解文化并非复制文化而是尊重文化”，如何表达尊重则在于设计师的个人修为。艺术家与设计师的本质区别在于：艺术家一味追求个人表现，如脱缰野马一般天马行空，无拘无束，拜天地为师，与灵魂交友；而设计师则是面向大众的服务，必须首先解决实际生活问题，同时又受到五花八门的文化和个性的限制与制约，就像是在戴着脚镣跳舞。

再现经典风格绝非简单地套用公式或者复制粘贴那么简单、肤浅，最重要的是要准确选出最贴近客户个人特质的经典风格，把家当作客户的第二衣着那样真实地展现出其内心世界。他们更懂得如何从经典风格当中获取创作灵感。那些装饰特质来自于后文我们即将读到的最具代表性的 30 种经典风格。它们原本到底长着什么样子，作为一名软装设计师也许无需精通，但是至少要有一个全面而准确的了解。现在就让我们开始一段简短的欧美装饰艺术之旅吧……

CONTENTS

录

第一章 | chapter 1

希腊爱琴海风格

Greek Style

1、起源简介

（1）背景

公元前 11 世纪—公元前 9 世纪：希腊“荷马时代”，因《荷马史诗》而得名。

公元前 1200 年：多利亚人毁灭了“荷马时代”。

公元前 776 年：第一次奥林匹克运动会。

公元前 8 世纪—公元前 146 年：古希腊城邦兴起，古希腊文明发展达到顶峰。

公元前 490 年—公元前 480 年：波希战争。公元前 480 年雅典卫城的帕特农神庙被入侵的波斯军队焚毁。

公元前 480 年：著名的温泉关战役，斯巴达人与雅典人击退薛西斯一世的波斯大军。

公元前 338 年：马其顿王国统治希腊。

公元前 334 年：亚历山大大帝征战波斯。

公元前 330 年：亚历山大大帝灭波斯。

公元前 146 年：罗马帝国征服希腊。

267 年：希腊被摧毁罗马帝国的蛮族之一——西哥德人占领并浩劫。

1261—1453 年：拜占庭帝国统治希腊。

1204—1827 年：奥斯曼人统治希腊。

1832 年：现代希腊正式独立。

◆ 古希腊石刻中的克里斯姆斯椅

人们经常津津乐道希腊灿烂辉煌的建筑与装饰艺术，好像这是一种能够轻而易举得到明确定义的艺术风格。其令世人惊叹不已的古文明早已离我们远去，空留下一座座巍峨壮丽的神庙遗址——雅典卫城（Acropolis of Athens），令人感叹惆怅。但是古希腊人在文学、戏剧、雕塑、绘画、建筑与哲学等方面对于欧洲文明发展的贡献却是不可估量的。

位于巴尔干半岛南端的希腊曾经凭借亚历山大大帝（Alexander the Great, 公元前 356—公元前 323 年）的赫赫战功，将古希腊文明传遍大半个世界。盛极而衰的希腊之后又历经罗马人、东哥特人、威尼斯人和土耳其人的轮番统治，直至 1832 年才正式宣布独立。自拜占庭帝国之后，希腊作为东正教的信奉者，穹顶和拱廊成为其宗教信仰的显著标志。

事实上，希腊建筑与装饰艺术的发展十分缓慢，然而历经一次又一次历史的苦难、沧桑、洗礼和变迁之后却从未间断过，也未曾被改造过。它主要被描述为关于水平线与垂直线的比例关系，装饰的目的更多是为了强化结构上的需要而存在。一代又一代后人通过研究残存的建筑与装饰片段而获得无止境的创作灵感。

作为欧洲文明的摇篮，希腊古典建筑与装饰艺术曾经是欧洲古典装饰艺术的灵感源泉，其中包括新英国古典风格、法国帝国风格和美国联邦风格装饰艺术等。从 15 世纪崇尚人性解放的文艺复兴（Renaissance）开始，直到 18 世纪末希腊复兴风格（Greek Revival）兴起，古希腊文明一直都是西方文明的精神源泉，那些残留的建筑遗址和陶器上的彩绘都是其创作灵感的来源。

◆ 古希腊双耳细颈陶罐

传统的希腊爱琴海风格室内装饰简洁、朴素，具有与生俱来的斯巴达式的自律与简朴的气质，是古典版极简风格的典范。其自然的材料、干练的线条、建筑的细节，与令人放松的色彩，在明媚的阳光和蔚蓝色的爱琴海衬托之下显得那么的超凡脱俗、纯净透明，仿佛不食人间烟火，希腊爱琴海因此成为全世界新人们理想的结婚圣地。

希腊爱琴海总是让人立刻感受到爱琴海岸边鳞次栉比的白色房屋，在蓝天与蓝海之间仿如人间天堂般浮现在眼前。爱琴海也是世界著名度假胜地，人们尽情享受明媚的阳光和清新的空气。大约也正因为如此，传统上希腊人不太愿意花太多的时间去装扮和打理自己的家，家居用品的目的在于实用与舒适，而非为了装饰。传统的希腊爱琴海风格总是予人简洁而又整洁的印象。

理论上，当人身处如此纯净的环境当中，身心将会得到放松与解脱，而不会轻易被其他事物分散注意力。不过希腊爱琴海风格更注重融室内、外空间于一体，让阳光洒满全家。希腊爱琴海家庭从不堆砌家具和饰品等，总是做到适可而止。为了营造出轻松、舒适的生活氛围，仅仅选用几件醒目的艺术品，例如乡村手工编织的小块地毯或者手工雕刻的艺术品等。

陶器大约在公元前 6000－公元前 2900 年的新石器时代由今天的土耳其传入希腊，希腊陶器因其应用范围之广而闻名于世，大到装油和谷物的储藏罐，小至盛香水的容器。同时，也因其表面丰富多彩的纹饰图样而著称，它们通常出现在生活用具和祭祀器皿之上。

希腊爱琴海风格的特点主要体现在其材料之上，比如线条自然弯曲流畅的粉饰灰泥墙体、陶质瓦、刺绣墙饰，还有手工绘制的瓷砖等，共同创造出一个对比强烈的视觉效果。家具粗犷、简单，窗户宽敞、明亮，顶棚高耸、洁净，赤陶砖铺就的地面与靛蓝色的饰品、轻薄洁白的织品、水果盘、花瓶和枝形吊灯等均由当地材料手工制作。

由于没有相对固定或者成系列的饰品，日常生活中的书籍、植物、酒瓶、烛台和新鲜水果都可以成为希腊爱琴海风格常见饰品。在充满历史沧桑感的石灰泥涂刷墙面的衬托之下，那些模仿希腊传统的陶罐或者陶壶仿佛一下子把人的思绪拉回到数千年之前的古希腊。

（2）人物

◆ 潘提利斯·佐格拉夫斯（Pantelis Zografos, 1949－）。希腊裔美国水彩画家。在其清澈的水彩笔下，家乡希腊的美景尽收眼底，让所有观 者均会对希腊产生美好憧憬与向往。虽然长期远离希腊，但是佐格拉夫斯以饱满的热情和明快的笔触描绘出希腊温暖的海洋、绿色的小岛、古朴的小屋、交错的街道和五彩缤纷的鲜花。其作品大多以所描绘的地名来命名，比如《圣托里尼岛》（*Santorini*）、《伊兹拉岛》（*Hydra*）、《科孚岛》（*Corfu*）和《卡尔帕索斯岛》（*Karpathos*）。

◆安德里亚诺·格拉索（Adriano Galasso)。意大利风景画家，擅长于描绘地中海的风景，特别是希腊清澈透亮的碧海蓝天和超凡脱俗的海岛房屋。其代表作品包括《希腊码头》（*Porticciolo Greco*）、《港湾》（*Borgo Ligure*）、《地中海码头》（*Porticciolo Mediterraneo*）和《渔村》（*Borgo Di Pescatori*）。

◆安德烈·萨维（Andre Savy）。法国风景画家，钟情于希腊圣托里尼岛诱人而美丽的风景而创作了大量以圣托里尼岛为主题的丙烯画。其代表作品包括《圣托里尼朝圣所》（*Santorini Sanctuary*）、《圣托里尼人行道》（*Santorini Walkway*）、《圣托里尼远景》（*Santorini Island Vista*）和《阳台上的圣托里尼早晨》（*Santorini Morning on the Balcony*）。

◆ 佐格拉夫斯的作品

2、建筑特征

（1）布局

希腊的传统居住建筑历史悠久、种类繁多，其中以圣托里尼岛（Santorini Island）和米克诺斯岛（Mykonos Island）上的石砌房屋最有特色。这些房屋大多顺山势而建造，鳞次栉比的石屋高度普遍比较低矮，平面基本呈方形布局。

（2）屋顶

在圣托里尼岛和米克诺斯岛上，除了教堂的球形穹顶刷成海蓝色之外，其余建筑基本均为平屋顶；也由于炎热少雨，希腊爱琴海建筑以平屋顶居多。沿着崖壁建造的房屋层层叠叠，下一层房屋屋顶也就是上一层房屋的露台和地面，最上层房屋屋顶通常为白色圆筒形。有些屋面冒出细长的圆锥形或者方锥形烟囱。

（3）外墙

石砌外墙往往采用手感粗糙的白色灰泥粉刷，粉刷色彩也常见浅黄色、浅粉红色、浅橘色或者浅褐色。长方形的门、窗洞尺寸都比较小，有些门洞为拱形。石材取自当地盛产的浮岩（Pumice），充满气泡，因此具有良好的天然保温与隔热功效。白色的墙体与岛上的深色岩石形成对比，给人以亲切、壮观和纯洁的感受。

（4）门窗

◆ 入户门

◆ 门与窗

大门采用实木板钉成，表面并未刨光滑，往往油漆成海蓝色或者绿色。实木制作的木窗与木门虽然没有精细的打磨，但表面都经过海蓝色或者绿色油漆处理，与白色墙体一道成为希腊爱琴海风格的标志性色彩。朴实的大门通常无雨棚也无门廊，让人产生一种亲近感。

3. 室内元素

（1）墙面

无论是大理石宫殿还是白石砌成的住宅，都是希腊历史的“古建筑”，因为它们都是石头房屋。今天希腊爱琴海住宅的墙面看起来和数个世纪前的墙面几乎一样，墙面装饰一如既往地采用其传统的白色威尼斯石灰泥涂刷处理。少数家庭会聘请艺匠为家庭的某片重要墙面绘制壁画。

与建筑的墙体和屋顶曲线一致，其室内墙面也呈圆角特征，几乎没有锐利的直角出现，并避免应用壁纸。

（2）地面

传统希腊民居一楼的室内、外均铺贴片石与灰泥填缝处理，二楼应用木板作为地板。后来希腊民居地面普遍采用带有黄褐色与金色的无釉赤陶砖铺贴，局部铺上大块手工编织的、呈简单几何图案的的希腊传统小块地毯。

（3）顶棚

扣盘式顶棚是希腊爱琴海风格典型的顶棚式样，通常表面只是灰泥粉刷处理即可。顶棚的平行木梁一如地中海其他地区的住宅一样常见，没有任何特别的装饰处理，随着岁月的洗礼变得褪色或者布满裂纹会显得更加朴实、自然。常见把平行木梁漆成与顶棚同样的白色与墙面形成一个整体。

在顶棚与墙面交界处安装顶角线能够有效提升空间的高贵感，不过在大部分希腊传统民间住宅当中，并没有像欧洲其他国家那样大量应用到装饰线条。

（4）门窗

传统希腊爱琴海住宅的圆拱形门、窗洞和装饰线条为其建筑外观特征。窗户通常采用被漆成其标志性蓝色的百叶窗，与同样漆成蓝色的家具相映成趣。窗户往往呈拱形凹入，对于长方形的窗户常采用以下方式：将半圆形装饰物置于顶部来模拟传统拱形窗；或者制作一个镶嵌蓝色玻璃的半圆形窗框；或者安装一个半圆形的百叶窗或者木镶板；或者采用半圆形的锻铁窗帘杆。

希腊民间传统实木室内镶板门大多漆成蓝色或者绿色，与同样漆成蓝色或者绿色的家具和百叶窗一起，共同形成完整的爱琴海色调。

（5）楼梯

大部分情况下，希腊爱琴海风格的楼梯除了踏板采用实木之外，其余部分均采用石材砌筑，表面进行灰泥粉饰处理。希腊传统民居家中较少出现实木楼梯。希腊传统民居室内楼梯不同于欧洲其他地区房屋那样拥有单独的栏杆，其栏杆经常与墙壁融为一体，因此通常只剩下实木扶手通过铁件固定在墙壁上。有时候，独立的栏杆也是采用石材砌筑而成，最后形成一片不规则的阶梯形墙面，仍然只有实木扶手固定在这片墙面上。

（6）橱柜

希腊爱琴海风格的橱柜表面通常采用漆成蓝色调和擦褐色后清漆两种处理，吊柜檐口出挑很浅，并且饰以简单的装饰线条；其柜门常用带窗格的玻璃门。地柜台面铺贴白色瓷砖或者采用白色大理石。

（7）五金

希腊爱琴海风格常见黄铜的纽扣形和木质的蘑菇形把手，其黄铜纽扣形把手表面有着细腻图案的浅浮雕。此外也常用金属加瓷柄吊杆式拉手。

（8）壁炉

希腊传统石砌圆弧形或者斜角型转角壁炉，表面用白色灰泥粉饰与墙面混为一体，炉膛外壁为圆柱形，烟囱部位则呈弧线形逐步收缩直至顶棚。希腊传统民间壁炉式样简洁大方，没有多余装饰，偶尔用到铁艺壁炉罩。比较富裕的家庭通常拥有石雕壁炉架，其立面常常出现古希腊神像。

（9）色彩

蓝色与白色是希腊的国色，这不仅在其国旗上反映出来，也在建筑与室内的主色调上表现出来。希腊爱琴海风格的主色调来自蓝色的爱琴海、黄褐色的土地和炫白的阳光。白色通常作为背景色，蓝色由百叶窗和家具为代表，金色和黄褐色则由靠枕、窗帘和陶罐来表现。蓝绿色与明黄色通常作为补充色彩。爱琴海的蓝色包括钴蓝色、深蓝色和天蓝色等。

增添一些石材的色彩会使空间色彩的层次感更加丰富。素净的色彩是希腊爱琴海风格的基本背景色调，比如白色、米色、灰色、米黄色、古金色和赤褐色等。与之相对应的是产生视觉冲击效果的深蓝色、橄榄绿色、焦橙色或者火红色等。

（10）图案

希腊传统纹饰（Greek Key）是希腊爱琴海风格的标志性图案，它是一组呈直线形盘旋的几何图形，常常出现于陶罐、陶壶、地毯、沙发底部、桌子边缘、窗帘边沿、床品、靠枕、华盖或者毛巾之上。此外，希腊古典图案包括象征美好的扇贝、象征荣誉的月桂、象征力量的狮子和象征尊贵的老鹰等。

4. 软装要素

（1）家具

◆ 餐桌

古希腊家具的历史可以追溯到古埃及家具文化遗产。最早的古希腊文明从古埃及汲取了大量的家具式样和创作灵感，后来才逐渐演变成为独一无二的希腊式样。其线条更为柔和，经常采用微妙而又优雅的曲线，同时也更为注重家具的舒适性。

◆ 餐椅

传承下来的古希腊家具很少，现在的希腊式家具大多根据陶器彩绘或者残留石刻上的图形复制而来。古希腊家具式样包括：一种源自于东方饮食传统的躺椅（Kline）；早期的折叠凳与固定凳，晚期演变成了克里斯姆斯椅（Klismos Chair）；固定凳和折叠凳子普遍使用；柜子被古希腊人视为珍贵的家具而代代相传。

希腊爱琴海风格的传统家具种类和式样比较稀少，也很简单，但都是实木，有点磨损，式样质朴，其表面进行清漆、上蜡或者擦色处理，并且经常饰以希腊传统纹饰，如果采用油漆则色彩比较明亮、欢快。中度色调与整体装饰协调，尺寸宽大，造型庄严、朴实；常常采用天然材料编织物装饰座套。其家具通常饰以紫铜、青铜和铁。石材的桌面或者搁板表现出希腊灿烂的古典美感。

希腊家具普遍比较低矮，如长条凳、地板垫和咖啡桌等。床罩和沙发罩一般色泽丰富，靠枕往往鲜艳夺目。餐椅通透而朴实，白色的沙发和安乐椅线条柔和且简洁。人们根据古希腊遗留下来的陶器或者壁画上描绘的家具式样再现希腊传统家具，以造型优美、线条简洁、靠背与椅腿弯曲的克里斯姆斯椅为其代表，并且由此衍生出来一系列现代克里斯姆斯椅。

◆ 餐椅

◆ 克里斯姆斯椅　◆ 餐椅　◆ 扶手椅　◆ 交叉凳

◆ 藤椅　◆ 床头柜　◆ 长凳　◆ 床具

◆ 软垫长凳　◆ 储藏箱　◆ 餐边柜

◆ 沙发　◆ 衣柜

（2）灯饰

希腊爱琴海风格的灯饰大部分为“深色锻铁 + 乳白色磨砂玻璃灯罩”的枝形吊灯、壁灯和烛台为主，配合传统烛台就是其全部的人工照明方式。有时候希腊住宅会应用白色圣诞树小彩灯于室内外来营造温馨而又活泼的氛围。源自于古希腊时期的传统壁灯为灰泥制作的半碗形，现代壁灯通常为乳白色玻璃材质，由冠状的顶部与碗形底部结合而成，柔和的光线朝上照射在墙面上，成为希腊爱琴海风格灯具中的代表。

◆ 吊灯

◆ 吊灯　◆ 吸顶灯　◆ 桌台灯

（3）窗饰

希腊爱琴海风格喜欢选择白色、轻薄的窗帘面料，并且经常带有传统希腊图案。窗帘面料大多采用白色薄纱或者薄平纹细布；白色丝绸则用于更重要的房间（如客厅），并且会配上流线型的锻铁窗帘杆。传统希腊窗帘通常饰以女主人自己设计的刺绣。

◆ 窗帘

（4）床饰

希腊爱琴海风格床品朴实大方，一般为白色床罩与被套。由于床具本身大多为平板床，因此往往省略掉床裙、床幔和华盖等布艺，但是传统床饰喜欢使用白色薄纱床帘。清新淡雅的蓝白色调图案（主要为棋格图案和希腊传统纹饰）常见于枕头和床头板软垫面料。

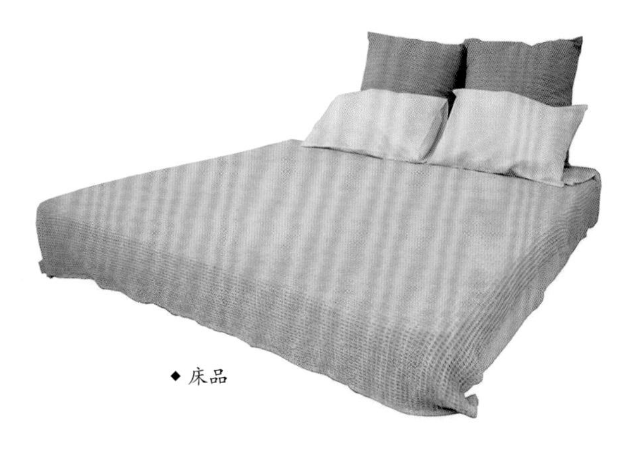

◆ 床品

（5）靠枕

希腊爱琴海风格靠枕基本为简洁的正方形，无任何边饰。面料大多采用蓝白色调的棉布，面料图案常见希腊传统纹饰。沙发上堆积的各色靠枕给人温暖、舒适与亲切的感受。

◆ 靠枕

（6）地毯

起源于公元5世纪的希腊传统手工编织粗厚羊毛绒面地毯被称之为佛罗卡缇（Flokati），成为希腊家庭财富的象征。此外，希腊爱琴海风格地面也常用波斯地毯、东方地毯和织棉地毯（主要为蓝白条纹图案）。

◆ 佛罗卡缇羊毛地毯

◆ 织棉地毯

（7）墙饰

传统上希腊爱琴海风格装饰就崇尚极简主义，其家庭室内装饰追求干净、整洁与实用至上。艺术品是希腊爱琴海风格的重要组成部分，无论是油画、雕塑，还是手工艺品，古希腊的神话是其永恒的主题。希腊家庭中通常会出现诸如主神宙斯、爱神阿芙罗狄蒂或者智慧女神雅典娜的雕像或画像；雕像往往置于短古希腊柱式的顶端。

希腊爱琴海风格画框的主题随意而轻松，通常以最具代表性的圣托里尼岛(Santorini)上的美丽风光为描绘内容。

以古希腊诗人荷马（Homer）创作的《荷马史诗》（*Homer's Epic*）中描述的场景为主的壁毯是希腊传统装饰要素之一。

希腊爱琴海风格镜框常常以希腊传统纹饰饰边，其材质多半为金属，造型简洁、朴实，大多为长方形。模仿古希腊陶罐表面彩绘或者现代花卉图案的陶瓷盘常常用于装饰墙面。

◆ 陶盘

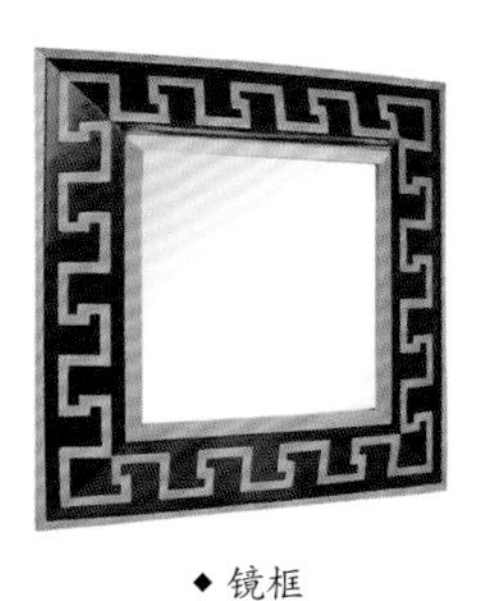

◆ 镜框

◆ 镜框

◆ 装饰画

◆ 装饰画

◆ 陶塑

（8）桌饰

希腊爱琴海风格的饰品看上去像是从古老宫殿中传承下来，它们主要包括双耳细颈椭圆陶土罐（Amphora）和花瓶。因此，那些表面绘以色彩鲜艳图案并且上釉的陶器是希腊爱琴海风格的典型饰品。特别是那种底部如倒圆锥形的陶罐更是标志性的饰品，通常采用锻铁支架使其竖立起来，传统上甚至只是将其斜靠在墙角。

希腊爱琴海风格的桌面常见各式各样的仿古陶器，它们包括烛台、花瓶和果盘等。现代生活当中少不了葡萄酒瓶和酒杯，它们通常放在木质或者金属材质的托盘中，桌上偶尔会出现现代相框作为点缀。

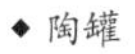
◆ 陶罐

◆ 陶罐

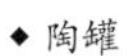
◆ 陶罐

◆ 陶果盘

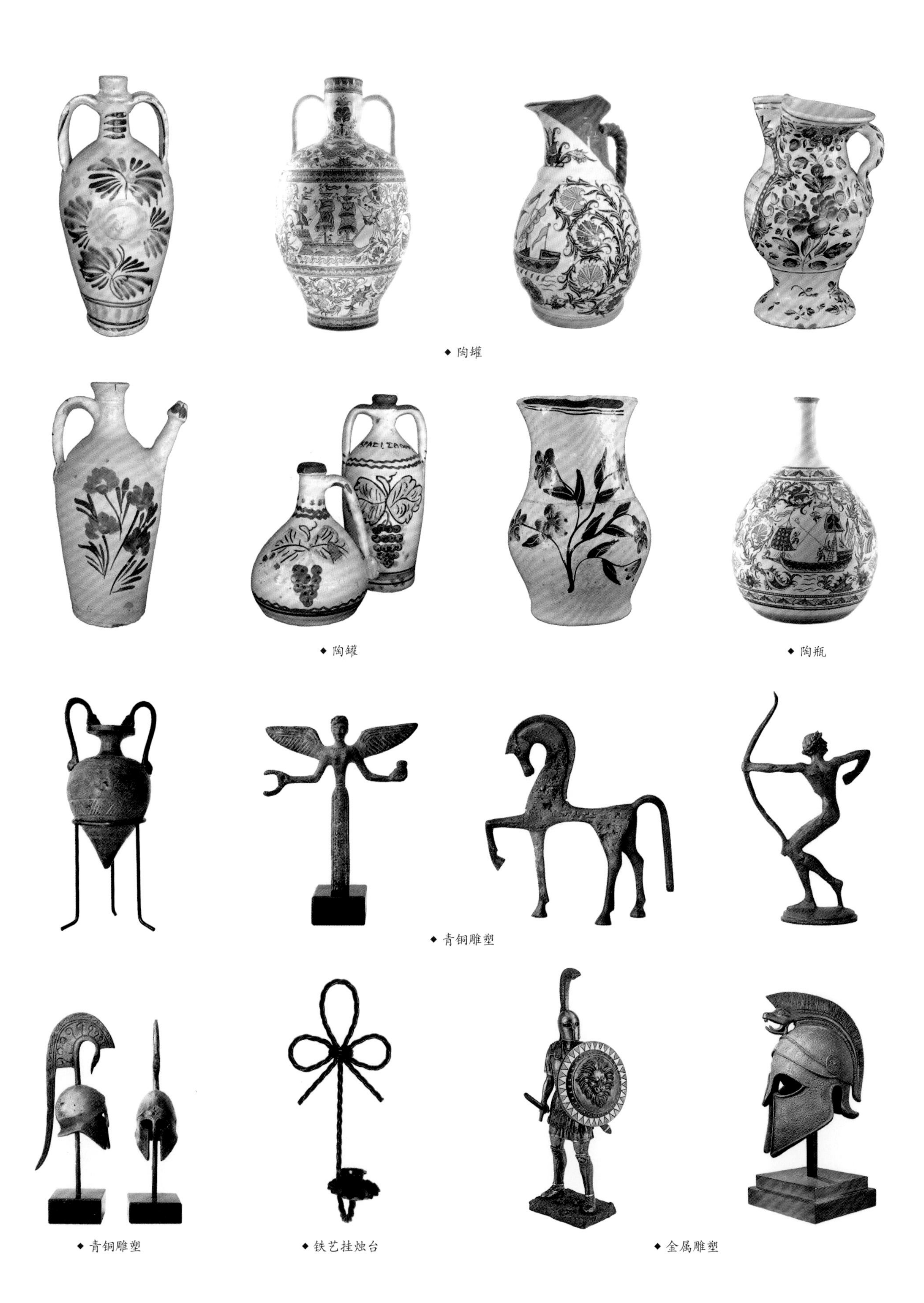

◆ 陶罐

◆ 陶罐

◆ 陶瓶

◆ 青铜雕塑

◆ 青铜雕塑

◆ 铁艺挂烛台

◆ 金属雕塑

（9）花艺

传统希腊人只有在重大节庆的时候才将鲜花洒落在地面上，并且制作花环或者花冠披戴在身上。希腊爱琴海风格室内较少出现花艺，大部分希腊普通家庭会选择绿植，特别是作为希腊国花的橄榄经常被种植在室内。小束的鲜花或者干燥花只是简单地插在陶瓷或者玻璃制作的花瓶中，枯树枝也时常作为花材应用于室内装饰。

希腊本土花材包括野兰花、番红花、水仙花、罗马兰花、岩玫瑰、簕杜鹃和风信子等。有着悠久历史的希腊花器通常采用陶器、青铜或者砂岩制作，其中以黑、红色调的双耳细颈陶罐最为著名，通常搭配白色的绣球花、兰花、茉莉花、白玫瑰、马蹄莲或者丁香花。

◆ 绿植

◆ 陶碗

◆ 瓷盘

◆ 水晶杯

◆ 青铜花瓶

（10）餐饰

希腊爱琴海风格餐具以陶瓷和玻璃材质为主，生活当中的玻璃葡萄酒杯和不锈钢刀叉大多为现代产品。餐桌布置比较随意，桌上会铺上一块熨烫平整的纯白色或者蓝白（条纹或者棋格图案）的棉质桌布。为了烘托出更正式的用餐气氛，可以在餐桌的正中间摆放平坦的花艺，并且在其两端各放上一支烛台。

餐巾往往直接铺在餐盘下面，或者卷成优雅的形状插在水杯中或者摆在餐盘上。叉子摆在餐盘的左侧，餐刀放在餐盘的右侧，汤勺挨着餐刀的右侧（注意刀锋朝内）。酒杯和水杯按顺序放在餐盘的右上方。

第二章 | chapter 2

意大利托斯卡纳风格

Tuscan Style

1、起源简介

（1）背景

公元前754年—公元前753年：罗穆卢斯建立罗马帝国，进入罗马王政时代。

公元前509年—公元前510年：罗马共和国建立。

公元前27年—1453年：罗马进入帝国时代。

395年：罗马帝国分裂为东、西两部，西罗马帝国于476年被蛮族西哥德人所灭，东罗马帝国（即拜占庭帝国）于1453年被奥斯曼帝国土耳其人所吞灭。

15世纪：意大利文艺复兴早期。

15世纪末—16世纪上半叶：文艺复兴鼎盛期。

16世纪中—16世纪末：文艺复兴晚期。

17世纪：巴洛克时期，意大利经济衰退。

1796—1797年：拿破仑一世入侵意大利。

1801—1802年：意大利共和国建立。

1861年：意大利王国成立。

◆ 托斯卡纳风景

意大利托斯卡纳（Tuscany）风格源自于意大利文艺复兴时期，那是一个正在脱离古罗马影响的大变革时期，当时很多的建筑仍然保存在托斯卡纳地区。于公元前59年建立的佛罗伦萨（Florence）为托斯卡纳的首府，是意大利的财富与文化中心，从陶器到铁器，从绘画到雕塑，从别墅到宫殿，处处闪耀着古罗马帝国的辉煌，成为人类文明史上璀璨的一页。那些散布在乡村的怀旧感触成为托斯卡纳风格与生俱来的品质。

位于意大利中部的托斯卡纳区紧靠伊特鲁里亚（Tyrrhenian）海岸，是意大利最大的一个行政区，这块土地上存在着许多种装饰式样，其中包括佛罗伦萨（Florence）和锡耶纳（Siena）的宫殿式或者城堡式，还有遍布乡间村镇壮丽的庄园式，以及朴素的石头农舍和点缀于村落之间的中世纪老宅，不过其内部很多现在已经重新进行了装饰。

托斯卡纳风格受到来自于共享地中海文明孕育的法国和西班牙乡村风格的影响，来自于古伊特鲁里亚（Etruscan）文化和中世纪文艺复兴（Renaissance）时期的影响同样深远。遍布地中海田野山丘的柏树、橄榄树、葡萄、香梨、茉莉花、迷迭香和勒杜鹃带给托斯卡纳人民一望无际的葡萄园与良辰美景，也赐予托斯卡纳人民永无止尽的创造力。

虽然有这么多不同的“托斯卡纳风格”，但是我们仍然能够从中总结和归纳出一些基本的主题和特征，其中显而易见的共性就是托斯卡纳人民对于传统文化的无比尊重和敬爱。那些中世纪时期建造的石头房屋一直沿用至今，成为数百年前其祖先对大自然仁慈力量所表达虔诚的最好证明，一代又一代传承下来。

意大利人对于生活的理解和态度决定了其对于家庭装饰的哲学思想，那就是打造一个与祖祖辈辈一样延续下来的、舒适而又充满魅力的、并且与周围环境和睦共存的生活空间。托斯卡纳家里的每一件物品背后都蕴藏着一段久远的家族故事。

托斯卡纳的乡村情调通过岁月洗礼的古老家具（如壁柜和餐边柜）、锻铁铁艺壁灯、镜框和枝形吊灯和结实耐用的坐具等清晰地表现出来。大多数托斯卡纳家庭都有一个硕大的石材壁炉架，拼贴石材碎片的地面铺上古老的波斯地毯，墙面显出丰富的肌理效果。在这里看不到任何精致、闪亮或者崭新的物品。

托斯卡纳家园离不开硕果累累的葡萄园，那醉人的芳香来自于新鲜橄榄、葡萄美酒和松脆面包等，因为意大利人是如此热爱美食和美酒，闻名天下的意大利厨房就是

◆ 托斯卡纳民居

他们分享盛宴和美酒的地方。每一个托斯卡纳家庭都会展示出其独有的创造力，享受明媚的托斯卡纳艳阳，陶醉在大自然赋予他们的所有财富之中。

厨房是托斯卡纳家居生活的中心，因为地中海的美食离不开一个令人赏心悦目的烹饪环境。热情好客的意大利人会在紧挨厨房的地方安排一张足够 8~12 个人同时用餐的长方形餐桌，旁边的手绘碗柜里展示着色彩斑斓的托斯卡纳陶瓷，同时还必须有一个多功能的、带有转角柱的岛柜，岛柜的正上方悬吊着一个锻铁炊具吊架，灶台上一个极具雕塑感的排烟罩是整个空间的视觉焦点，台面上布满各种盛满通心粉、稻米、豆子和橄榄的玻璃或陶罐，当然还有橄榄油瓶。托斯卡纳厨房总是充满着一股浓浓的家庭生活和怀旧情调，让人深深感受其跨越时空、独具魅力的饮食文化。

托斯卡纳以其盛产的葡萄酒、漫山遍野的葡萄园、起伏有致的绿山坡、和古老的别墅而闻名于世，这是一种充满着源自于中世纪旧世界（Old World）神奇魅力的古老装饰艺术。只要在任何房间里放上一瓶意大利葡萄酒就能够立刻感受到托斯卡纳的气息；只要把握住托斯卡纳风格的三个基本要素——色彩、石材和金属，就能够把握得住托斯卡纳风格的本质。

（2）人物

◆乔瓦尼 · 波蒂尼（Giovanni Boldini, 1842—1931 年）。意大利印象派风俗画和肖像画家，画中人物包括荷兰夫人和威斯敏斯特公爵夫人。1872 年，波蒂尼与法国印象派画家埃德加 · 德加（Edgar Degas）成为朋友，成为 19 世纪末巴黎最时尚的肖像画家。其代表作品包括《丽娜 · 卡瓦里艾莉》（*Lina Cavalieri*）和《威尼斯运河》（*Venice Canal*）。

◆ 朱塞佩 · 德尼蒂斯（Giuseppe De Nittis, 1846—1884 年）。意大利画家，其作品融合了沙龙艺术和印象派风格。早期在巴黎获得知名度之后，德尼蒂斯回到意大利自由创作。德尼蒂斯喜欢采用蜡笔作为绘画的工具，并为许多作家和艺术家创作肖像画，如德龚古尔（De Goncourt）、左拉（Zola）、马奈（Manet）和杜兰蒂（Duranty）。其代表作品包括《比赛归来》（*Return from the Races*）、《一个罗马渡槽》（*A Roman Aqueduct*）和《花园早餐》（*Breakfast in the Garden*）。

◆ 皮诺 · 德埃尼（Pino Daeni, 1939—2010 年）。意大利画家，以其浓重的水彩来表达热情、奔放的情感，同时带给人们宁静与安详的气氛。皮诺的画散发出浓重的乡情与亲情，洒满了地中海的明媚阳光。其代表作品包括《白日梦》（*Day Dream*）、《晨风》（*Morning Breeze*）和《春花》（*Spring Flower*）。

◆贝琪 · 布朗（Betsy Brown）。美国风景画家，擅长于描绘其家乡和意大利的美景，以其标志性的柔和笔触和一贯的朦胧色调带领观者一起进入画面。特别是由其创作的大量意大利托斯卡纳风景画和花卉静物画被广泛应用于托斯卡纳风格的室内设计当中。其代表作品包括《托斯卡纳的黄昏》（*Evening in Tuscany II*）、《意大利贝拉》（*Bella Italia*）和《汉纳的鸢尾花》（*Hannah's Irises*）。

◆ 吉多 · 波雷利（Guido Borelli, 1952 年—）。意大利现实主义画家，以其充满诗情画意的意大利风景和乡村景色闻名于世，油画主题主要描绘意大利风景、家园、意大利北部和阿尔卑斯山的别墅。其代表作品包括《托斯卡纳的街道》（*The Tuscan Streets*）和《托斯卡纳薰衣草》（*Tuscan Lavender*）。

◆卡洛 · 科伦坡（Carlo Colombo）。意大利风景画家，以描绘其家乡托斯卡纳为标志性的创作题材，画面以棕褐色与橄榄绿为主色调，从不同角度向人们展现了托斯卡纳的美。其中以托斯卡纳为主题的系列作品成为托斯卡纳室内装饰风格的标志性装饰画。

◆ 德埃尼作品

◆波雷利作品

2、建筑特征

（1）布局

传统托斯卡纳风格的普通居住建筑平面常见正方形、长方形、L 形或者长方形组合，四周围绕开敞的花园和葡萄园。花园通常种植药草、藤本月季、鼠尾草、迷迭香、柠檬树、橄榄树和松柏等，大多数花卉选择盆栽，园内布置赤陶罐、赤陶花盆、藤架、凉廊和长凳。鹅卵石铺就的小径从锻铁花园门引向后门。

（2）屋顶

赤褐色的赤陶瓦铺就的屋面以平缓的坡度向两侧倾斜，屋檐较浅，檩条外露。低矮的石砌烟囱冒出屋顶。屋后常常搭建一个半开敞空间的瓦顶凉棚，供品酒、用餐、聚会和休息之用，因此也会为此配置一个户外壁炉。起到遮荫作用的瓦顶凉棚也经常出现在朝向太阳的那面墙上，包括入户大门的前面成为遮阳棚。

（3）外墙

灰泥粉刷破碎的岩石块砌筑的外墙，墙面通常粉刷成白色、灰色、棕色、棕褐色、赭色、褐红色、浅黄褐色、浅黄色或者橙色。传统的外墙将石材直接暴露在外，立面门窗经常对称安排。

（4）门窗

◆ 入户门

◆ 门与窗

尺寸不大的窗户往往只是一个覆盖纱网的拱顶长方形窗洞，窗洞的两侧通常各有一扇木板制成的外挂式遮阳窗，在正午太阳最酷热的时候可以完全关闭起来。大门往往也有同样的木板遮阳门。木镶板大门的上部通常镶嵌玻璃，下部镶嵌木板。大门的位置很不起眼，一般没有雨棚或者门廊，有时候隐藏于楼梯下的拱形门洞内。大门的左右常常盆栽藤本月季或者葡萄藤等爬藤植物，用植物在大门顶部形成自然雨棚。

3、室内元素

（1）墙面

◆ 石砌墙面与灰泥涂墙

无论是保留下来的还是现代模仿的，石砌墙壁对于托斯卡纳风格所具备的深刻含义不言而喻，以至于刻意显露或者模仿出那些古老石砌建筑的痕迹成为托斯卡纳风格的重要标志之一。这种石砌痕迹常见于托斯卡纳房屋的厨房、壁炉架周围或者卧室。

除了天然石材砌筑的自然墙体、大理石地面、台面、壁炉架和后挡板，托斯卡纳房屋还经常应用手工灰泥涂墙，常常应用棕色、赭色、橙色、褐红色和黄棕色等色调粉饰墙面。

除此之外，传统仿真墙绘（Faux Finish）技艺经常用于模拟灰泥涂墙、石砌墙、砖砌墙或者大理石砌墙的丰富肌理效果。他们使用破布或者海绵代替传统毛刷来制造随机的自然肌理效果，沾上金色和赭色的破布制造的肌理效果是托斯卡纳风格的常用墙面装饰手法。

在墙面和顶棚的局部重点位置还会应用壁画（murals）和错视画法（trompe l'oeil）描绘以托斯卡纳风景为主题的装饰画。真正的托斯卡纳风格墙面避免应用任何现代壁纸。

（2）地面

托斯卡纳房屋地面铺贴材料大多采用无釉赤陶砖，这也是一种与传统文化紧密相联的装饰材料；赤陶砖的颜色尽量选择米黄色或者石头色会更具意大利的乡村情调。尤其是那种带有磨损痕迹或者不太规整的赤陶砖的装饰效果最接近自然，深色并且磨损的宽木地板能够加深这种印象。

其他地面装饰材料还包括石材、瓷砖、大理石碎片和马赛克等，此外水磨石地面也是托斯卡纳地区非常有特色的一种装饰艺术。马赛克主要应用于门厅、踢脚线、壁龛、厨房后挡板和浴室墙地面。为了与硬质材料取得平衡并营造柔软与舒适感，起重点装饰作用的小块现代地毯常常铺在客厅咖啡桌下或者卧室床前。

（3）顶棚

◆ 顶棚木梁

托斯卡纳风格的顶棚代表着地中海地区传统建筑的结构特征，主要表现为井字木梁和平行木梁两种形式，表面显示粗切割痕迹并经过简单擦色油漆处理。平行木梁的两端有时候会出现梁托。

（4）门窗

◆ 木门

◆ 玻璃门

由于当地气候特点，托斯卡纳风格窗户尺寸大多比较小，透过窗户玻璃照射在陶器的釉面和擦亮的把手上的阳光虽然有限，但是对于其深沉的整体色调来说已经足够。传统托斯卡纳风格窗户常常采用百叶窗，既能遮挡阳光又能保障通风。

托斯卡纳风格室内门通常为单层实木门，表面涂上清漆或者采用蛋壳漆处理；只有锻铁五金件才能够使整个空间散发出纯粹的托斯卡纳气息。

（5）楼梯

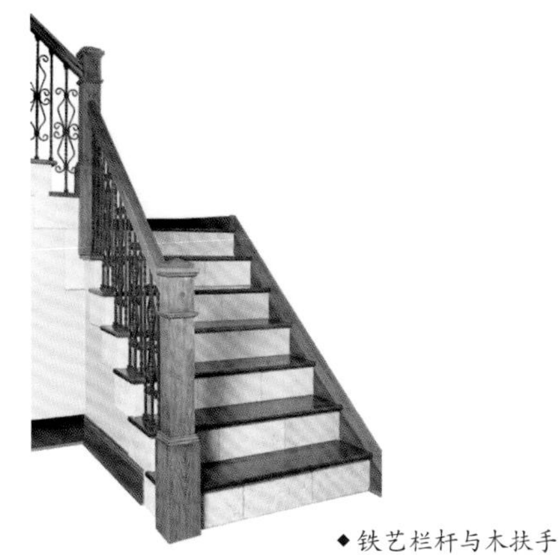

◆ 铁艺栏杆与木扶手

传统的托斯卡纳楼梯基本为石砌或者实木制作，其中实木楼梯的踏面为擦深褐色后清漆处理，而踢面则通常为白色油漆处理。如果为石砌楼梯，其踏面仍然采用实木。托斯卡纳风格最具代表性的栏杆为手工锻铁和铸铁工艺的铁艺栏杆，而锻铁栏杆比铸铁栏杆的曲线更为优美、流畅，因此锻铁栏杆的观赏性和价值也要高于铸铁栏杆。铁艺栏杆与实木扶手的完美结合散发出托斯卡纳永恒的迷人魅力。

（6）橱柜

托斯卡纳橱柜大概是所有橱柜当中最具魅力的那种，不仅款式繁多、体型庞大，而且制作精良、经久耐用。大部分橱柜的表面经过擦褐色后清漆处理，显露出木材的纹路，吊柜和地柜的柜门喜欢采用实心镶板门。地柜基本采用深色大理石台面。

（7）五金

◆ 把手

托斯卡纳风格把手常见纽扣形和蘑菇形造型；拉手常见半圆环形、弧形、吊杆式和坠珠形等；材质通常为铸铁和青铜。

（8）壁炉

◆ 大理石壁炉架

◆壁炉罩

托斯卡纳壁炉与意大利文艺复兴时期的著名艺术家所创造的艺术品紧密相关，如波提切利（Botticelli）、多纳泰罗（Donatello）、乔托（Giotto）、达芬奇（Leonardo）、拉斐尔（Raphael）和米开朗基罗（Michelangelo）。托斯卡纳壁炉离不开壁炉架上方一个庞大的壁饰，有的壁饰高达顶棚；其接触壁炉架的底部与壁炉等宽，而接触顶棚的顶部则往往向内收缩成梯形。壁饰本身可以单独放置，也可以饰以石雕或者带画框的表现托斯卡纳风情的起伏山丘和圆柱形柏树的画作。

托斯卡纳壁炉的建造材料通常采用大理石、灰泥粉饰、堆叠石或者石材与黏土砖混合。传统托斯卡纳壁炉通常采用大理石雕刻，尺寸硕大、外形壮观，而且造型典雅，充分显示出其价值与财富。另外一种民间常见的托斯卡纳传统壁炉炉体采用石砌表面灰泥涂刷与墙面一致，烟囱呈梯形与顶棚相接，粗犷有力的实木壁炉架横贯整面墙体，炉膛前往往有一个同样宽阔的基座。

与托斯卡纳壁炉搭配的单片和三片壁炉罩十分华丽精美，材质包括黄铜、青铜和铁艺，经常采用青铜做基座，铁艺做罩面，黄铜做装饰。当然也有全部采用同一材质制作的壁炉罩。

托斯卡纳的厨房壁炉（KitchenFireplace）别具一格，不仅炉膛升高至方便烹饪的高度，其宽敞的灶台范围甚至包含了整面墙，往往还为其配上几个烤面包和其他食物的烤炉，以及专门储藏食物的壁龛，炉膛内壁还安装了为挂煮汤用大锅的铸铁摆动臂等。

（9）色彩

托斯卡纳房屋经常采用的色彩来自于当地大自然的色彩，因此能够营造出与周围环境融为一体的氛围。如大地般生动的色彩：黄色、橘黄色、焦橙色、深红色、深褐色、砖红色、红棕色和赤褐色；如鲜花般艳丽的色彩：淡紫色、深紫色和金黄色；如森林般茂盛的色彩：橄榄绿色；如天空般灿烂的色彩：天蓝色。

米白色通常被用作背景色调，与木材和石材形成和谐的对比。其余常见的色彩还包括光亮的橙色和浅赤土色，它们都代表着托斯卡纳山丘和木材的色彩。

托斯卡纳风格常见色彩包括深红色（赤土色）、浅褐色、芥末黄色、焦橙色、桃红色、蓝色与绿色，其中桃红色为意大利托斯卡纳地区独有，与意大利其他地区明显不同。

（10）图案

托斯卡纳风格的传统图案来自于其本地的特产，如葡萄、葡萄藤和葡萄叶，它们出现在陶瓷、家具、铁艺、绘画和织品之上。此外，源自于古希腊的地中海地区古老的莨苕叶（Acanthus）图形也是托斯卡纳风格必不可少的装饰图案。

4. 软装要素

◆餐椅

◆餐椅

（1）家具

每一件托斯卡纳家具均源自于其传统家居文化，无论是祖传古董还是现代仿制品，都充满着对于祖先的敬意，因此具有深深的传统烙印，人称“旧世界”（Old World）。托斯卡纳家具大致上分为以佛罗伦萨为代表的豪华型和以田野乡村为基础的简朴型两大类。托斯卡纳家具与意大利文艺复兴时期家具形成鲜明的对比，其直线型设计源自于古典意大利或者古罗马时期的建筑艺术，显得更为人性化与平易近人。

尊重自然装饰材料是托斯卡纳风格的普遍特征。因此他们大量采用木材与石材于家庭装饰当中。家具常用当地盛产的橡木、松木和胡桃木制作，表面仅作无光泽的蜡涂饰剂处理。这种家具的表面色泽会随着年代和使用逐渐变深。还有一种采用液体染色蜡涂剂渗透入木材的做法，那样会产生如天鹅绒一般柔滑的手感。

托斯卡纳家具通常比较厚重、结实，有时候甚至使用粗削木家具，即家具表面带有明显的刀削痕迹。其座套面料往往饰以皮革和机织布料，色泽深沉、柔软，主要表现在金色与蓝紫色或者赤褐色与深黄色的对比上。配件结合铁艺或者紫铜与实木搭配是托斯卡纳家具的一大特色；此外马赛克瓷砖也常常出现于托斯卡纳风格的桌面上。

托斯卡纳家具的精致与简洁，分别代表着精雕细刻与朴实自然两种品质。铁艺、大理石和瓷砖经常用于装饰家具的表面，其大理石台面桌与搁板桌是托斯卡纳风格中常见的传统餐桌式样。此外，还常见锻铁壁炉罩、柴架、酒架和杂志架等小件家具。

◆扶手椅

◆吧台椅

◆皮革加织锦单人沙发

◆餐桌

◆餐桌

◆咖啡桌

◆咖啡桌

◆小圆桌

◆咖啡桌

◆软垫长凳

◆餐边柜

◆靠墙台桌

◆搁架

◆皮革长沙发

◆铁艺床

◆实木四柱床

◆实木床

（2）灯饰

托斯卡纳风格灯饰最为引人注目的是其全手工打造的黑色锻铁铁艺枝形吊灯、台灯、壁灯和台球灯，造型千姿百态、古朴典雅、独具魅力。锻铁灯具总能增添一份乡村情调，与仿古饰品、做旧实木地板、赤陶砖和丰富多彩的丝质织品一道为“旧世界”做出完美的注解。

典型的托斯卡纳风格锻铁灯饰通常配以米白色或者黄褐色透明玻璃灯罩和白色磨砂玻璃灯罩，为空间营造出柔和而温馨的气氛。除了千姿百态的枝形吊灯之外，壁灯也是托斯卡纳风格灯饰的另一大特色，并且在家庭空间里几乎无处不在，特别是在又长又暗的走道空间或者角落里。

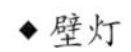

◆壁灯

◆桌台灯

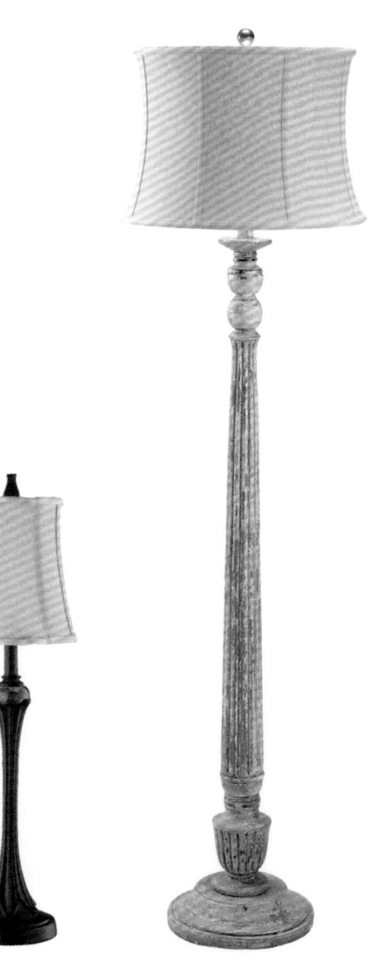

◆地台灯

◆ 台球灯

◆ 枝形吊灯

◆ 吸顶灯

◆ 吸顶灯

◆ 吊扇

（3）窗饰

◆窗帘

托斯卡纳风格窗帘比较简单、朴实，往往从房间内其他软装配饰当中选取某个色彩和图案应用于窗帘布料之上，或者仅仅是一块白棉布做成的窗帘配上铁艺窗帘杆即可。传统托斯卡纳窗帘往往固定在窗框之上，面料选择透光但不透明的白色轻质薄棉布，并且在其上饰以刺绣。

托斯卡纳风格的窗帘喜欢采用带隐形花纹或者条纹图案的丝质面料，通常底色为深或者中褐色（咖啡色），图案为浅褐色。丝质面料在光照下会显现出光泽，与墙面肌理形成反差。对于较高的窗户，通常在蕾丝窗帘顶部装饰一块丝质锦缎或者天鹅绒窗帘帷幔。锦缎和天鹅绒的应用会增添托斯卡纳风格的富贵气质。

在白布上应用蕾丝雕绣（Renaissance cutwork）是托斯卡纳窗帘的一大特色，应用单纯钩针编织窗帘（Crochet lace），或者应用蕾丝装饰白布的四边（Lace borders），又或者在白布中间镂空并镶嵌一块蕾丝（Lace/crochet inserts）。

（4）床饰

托斯卡纳风格布艺常常出现装饰性的靠枕、靠垫、豪华的桌巾和反映地中海风情的壁毯等，其色泽丰富多样，图案变化多端，常见图案包括公鸡、野花、向日葵和鸟类。织品常用色彩包括赭色、黄褐色、橄榄绿色、赤土色、赤褐色和金黄色等。

托斯卡纳风格床品喜用色泽丰富、如丝绸般光滑柔顺的面料，图案以隐形花卉为主。著名的精品百货店内曼·马库斯（Neiman Marcus）所销售的科莫别墅（Villa di Como）系列床品是托斯卡纳床品的最佳选择。

托斯卡纳风格的床品当中少不了稀疏织法的粗花呢毛毯，这是一种舒适而又有品位的装饰性毛毯，当然也十分实用，常用于装饰椅子、床具和沙发。

◆床品

（5）靠枕

托斯卡纳风格的靠枕无论是否有穗边或者流苏（大部分为自线边缘），总是选择那种带有光泽的面料，包括人造丝、棉缎混纺和棉毛混纺等，更高级的靠枕还会在纯羊毛面料上进行刺绣。靠枕面料的常见图案包括公鸡、大马士革、佩斯利（涡纹花）、花卉、梨子和条纹等。

◆筒形靠枕

◆方形靠枕

（6）地毯

诞生于 16 世纪伊朗萨法维王朝时期的萨法维地毯（Safavieh）作为波斯地毯中的杰出代表，属于波斯艺术发展史的文艺复兴时期，一直深受意大利人的喜爱，也是托斯卡纳风格地毯的首选。此外，各种仿波斯或者仿东方的羊毛地毯也被普遍应用。主要色彩包括赭色、黄褐色、橄榄绿色、赤土色、赤褐色和金黄色等。

◆ 地毯

（7）墙饰

采用锻铁工艺打造的铁艺镜框、画框、铁花和格栅在托斯卡纳风格墙饰当中的角色举足轻重，也是其墙饰中最具特色的民间艺术品。其造型各异，表面呈天然黑色，散发出浓郁的托斯卡纳“旧世界”风情。

托斯卡纳风格油画和壁毯的绘画主题通常为葡萄酒与葡萄园、水果与花卉、南欧地中海地区风景、古老的地中海建筑物、古旧的陶壶或者陶缸、宁静的湖泊、古代雕塑、古怪的渔村和崎岖的海岸线等。

壁毯是意大利传统的织品，它们与以托斯卡纳风光为主题的其他艺术品（如油画和铁花）一起用于装饰墙面并成为空间的视觉焦点。家居壁毯内容通常以托斯卡纳风景和葡萄酒为主。壁毯、桌巾和盖毯可以与深色厚重的家具取得平衡。无论是油画杆、壁毯杆还是窗帘杆，均以锻铁打造效果最佳。

挂钟是托斯卡纳风格墙饰当中的一大特色，也是不可或缺的一件墙饰品。无论何种表面材质，其表面通常经过做旧处理。铁花通常用于装饰门窗的顶部或者两侧，也经常置于壁毯或者镜框的上方，目的是为了将室外环境引入室内。

◆ 挂钟

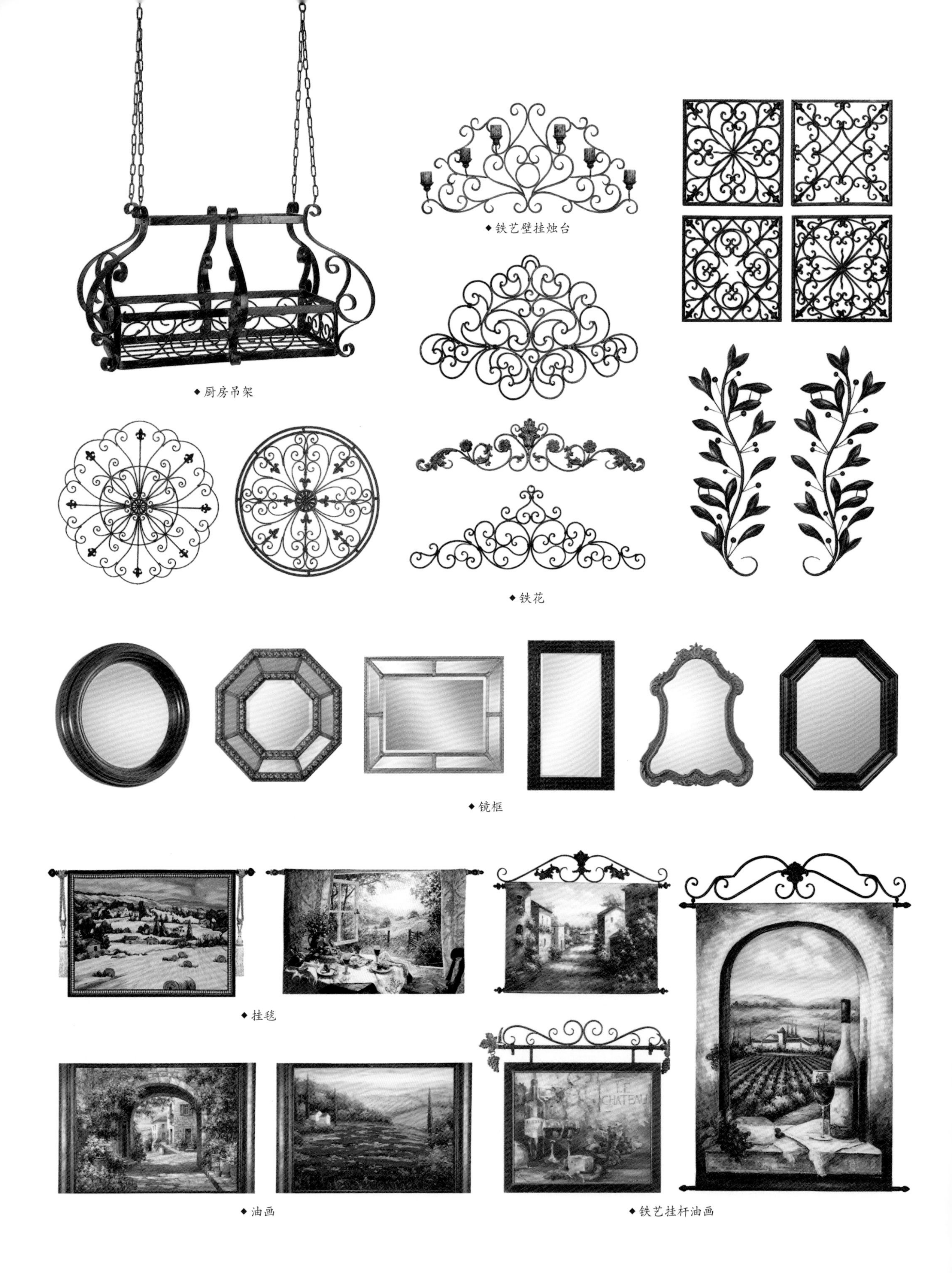

◆厨房吊架

◆铁艺壁挂烛台

◆铁花

◆镜框

◆挂毯

◆油画

◆铁艺挂杆油画

（8）桌饰

托斯卡纳风格的桌饰包含陶器（包括黏土陶罐和黏土花瓶等）与小饰品（包括花瓶、储藏器皿、相框、座钟、托盘、摆件和烛台等）两大类，其中以烛台最为引人注目。金属材质的烛台表面呈现出青铜或者金色的光泽，适于比较正式的场合；天然黑色锻铁烛台更能营造出休闲的气氛。常用的托斯卡纳烛台材质还包括玻璃、陶瓷和实木。有的烛台可以挂在墙上，还有的烛台能够立于地面。

相框也是托斯卡纳风格桌饰的重要组成部分，常见的相框材质包括金属、实木和皮革等，而铁艺组合相框，既可以放在桌上也可以挂在墙上。

◆ 陶罐

◆ 陶罐

◆ 陶罐

◆ 陶壶

◆ 储藏盒

◆书籍

◆烛台

◆座钟

◆烛台

◆相框

◆托盘

（9）花艺

托斯卡纳风格的室内以人造植物、绢花和干燥花居多，充满着温馨与浪漫的情调，色调总是显得有些陈旧或者偏暗，不会出现大红大绿的鲜艳色彩。手工编织的花环是托斯卡纳风格花艺中的代表，它通常由人造玫瑰、向日葵、绿植、洋蓟、葡萄、橄榄和梨子等组成，用于装饰入户大门以及室内任何地方。

托斯卡纳的常用花材包括丁香花、兰花、郁金香、牡丹、大丽花、绣球花、向日葵、金银花、薰衣草、雏菊、鱼尾菊、玫瑰花、洋蓟、绿草、蕨叶、柳条、葡萄藤和常春藤，它们经常与羽毛、苹果、浆果和梨子搭配应用；其中雏菊是意大利的国花而深受意大利人的喜爱。

托斯卡纳花材喜欢与陶罐、陶盆、石盆、玻璃瓶、编织篮筐、木刻槽、铁皮桶或者铁盆等花器搭配，各种金黄色、黄褐色、棕色、深红色、深紫红色和橄榄绿色的花材经过精心安排，散发出一股醉人的秋日芬芳。

◆花槽

◆人造花

◆陶花瓶

◆铁艺花盆

（10）餐饰

丰富多彩的陶瓷餐具和意大利美食一样令人难忘，图案中无论是活力四溢的托斯卡纳干红（Toscana Rosso），还是热情四射的坎帕尼亚大区（Campagna），或者是垂涎欲滴的美味水果，托斯卡纳风格餐具总是能够点燃你的食欲。其餐盘上的图案往往会出现中世纪或者哥特时期的图案、葡萄串、葡萄园、橄榄枝、梨子、樱桃、花卉和公鸡等，常见色彩包括黄色、棕色、绿色和红色。在意大利家喻户晓的锡釉陶器是诞生于 9 世纪并于 14 世纪传入意大利的马略尔卡陶器（Majolica），图案多表现绿植、鱼和鸟。

事实上，托斯卡纳风格餐具本身常常被用于装饰厨房或者餐厅，只需要简单地将各式各样的陶罐或者餐盘摆放在搁板或者柜顶上就能够散发出浓浓的托斯卡纳情调；还可以将一些尺寸不同的餐盘随意组合挂在墙面上；如果餐盘尺寸相同，则呈直线悬挂。

托斯卡纳家庭用餐使用现代球形葡萄酒杯和不锈钢刀叉。为了突出餐具的视觉效果，餐桌上往往会铺上一块米白色的亚麻桌布，或者是一条单色的桌巾。为了营造托斯卡纳的农舍氛围，餐桌的正中央摆放一个盛满水果和蔬菜的锻铁篮筐，或者几个（视餐桌大小而定）带基座的木雕烛台。托斯卡纳的生活方式轻松而随意，因此其餐桌布置应避免拘谨与堆砌。

◆陶盘

◆酒杯

◆桌巾

第三章 | chapter 3

波希米亚风格

Bohemian Style

1、起源简介

（1）背景

◆ 吉普赛大篷车

“波希米亚”一词源自于位于今天捷克共和国境内的波希米亚王国，“波希米亚人”常被用于指称从前波希米亚王国的居民，是对东欧捷克共和国的旧称。

波希米亚又指波希米亚主义，它代表着一种艺术家气质、一种时尚潮流和一种反传统的生活模式。Bohemian 在《美国大学辞典》中的定义为：“一种具有艺术或者思维倾向的人，他们的生活和行为都不受传统行为准则的约束”。人们常常将波希米亚人与贫困联系在一起。然而，过去的一个半世纪以来，欧美许多才华横溢的文学家和艺术家均具有波希米亚气质。“波希米亚”一词在 20 世纪中后期与美国“垮掉的一代”和“嬉皮士”关系紧密。

波希米亚通常与那些崇尚自由生活方式的人群紧密相连，或者专指那些放荡不羁与自由奔放的游荡艺人和艺术家。“波希米亚”一词常指那些在中欧四处漂泊的人群，在法语中 Bohemien= 吉普赛人（Gypsy）。在 21 世纪的今天，“波希米亚”意指穿着花皱裙子的女孩在寻找一种非稳定的游牧般的生活方式。事实上，在 19—20 世纪，波希米亚风格定义一个完整的生活方式，大多数人都向往一个热情好客的地方，也许这就是为什么吉普赛人总是那么开心并充满活力的缘由。

在成为一种装饰风格之前，波希米亚代表着一种生活方式。波希米亚风格的另外名称包括 Boho、Boho Chic、Bohemian Chic 和 Gypsy。波希米亚始终代表着原创，表现出激情与创造力，但也多少反映了 20 世纪 20—30 年代的烙印。

波希米亚风格的空间里充满着五彩缤纷的纺织品、地毯、毛毯、枕头和窗帘，家具看起来布满沧桑的痕迹，灯具小巧而多彩。波希米亚的灵感来源于吉普赛大篷车，混合了摩洛哥风格（Moroccan Style）的灯具、蒲团、窗帘和家具，散发出浓郁的波希米亚风情。要打造一个纯正的波希米亚风格别忘了沾满鲜花的壁橱，或者是挂在墙壁上的大镜子，特别要在其上披挂面纱或者窗帘，或者是粘在镜框上的花朵。

一个真正的波希米亚风格的房间看起来像是经历了几十年的环球旅行，以及耗费一生的清理和回收利用。如何创造一个并非真实大篷车的虚拟空间，首先需要关注其五彩斑斓的纺织品，包括地毯、窗帘、毯

◆ 吉普赛大篷车

子和靠枕。其他特点也值得关注，比如磨损的短绒天鹅绒沙发。包装箱和托盘可以独立作为家具来使用，或者稍稍加工增加支架。如果有家具应该带磨损的痕迹，让柜子的表面油漆巧妙地剥落，或者让扶手椅软垫做旧处理。

真实的波希米亚风格里面包含了许多不同的元素。摩洛哥风格的灯笼形吊灯必不可少。灯笼的灯罩最好镶嵌彩色玻璃。蝴蝶椅（Butterfly Chair）的便携性、旅行性和舒适性都十分适合于波希米亚风情。沙发通常覆盖松散的白色沙发套；一面超大的镜子一般斜靠在墙上，当有光线投射到其上时效果最佳。吊床和秋千均适用于波希米亚风格；摩洛哥蒲团和摩洛哥图案也常见于波希米亚空间；简单或者华丽的锻铁床，无论是否重新油漆或者让锈迹暴露；采用铁管制作的床具十分具有波希米亚的真实感。

如果你是一个崇尚自由精神的人，波希米亚风格可能正是你的梦想。波希米亚风格近似于折衷风格（Eclectic Style），因为它融合了众多不同的文化、艺术和格调。另一种描述波希米亚风格的词就是“嬉皮风”（Hippie Chic），因为放荡不羁的生活方式正是标新立异的艺术家、音乐家和流浪者们所梦寐以求的生活方式。一颗吉普赛人的心脏，怀旧的收藏和装饰很适合一个完美的波希米亚空间。

波希米亚风格几乎没有规则可言，但大多呈现温暖的大地色系。想象一下棕色、赤陶色、金色和宝石色调（如饱和的紫色、火热的橙色和刺激的蓝色），它们经常出现于壁毯和艺术品之上。波希米亚风格用色的关键在于丰富而大胆的暖色系。在波希米亚风格的空间里几乎见不到白色。

运用混搭的手法将不同的自然材料（如粗麻布、剑麻、丝绸和绳绒线）进行自由组合，并且尽量显示出陈旧的感觉。虽然波希米亚风格看起来有些稀奇古怪，但并不意味着它不能魅力四射，因此别害怕饰满坠珠的水晶吊灯和华丽的金色镜框。波希米亚风格惟一的装饰规则就是，这个空间里的每一件物品都应该讲述一个感人的故事。每件物品不一定非要完美搭配，可以混入一些主人的个人喜好，但是应该尽量保持沙发的舒适性。

波希米亚风格的空间里充满着各式各样的纹理、图案和式样，没有两个波希米亚的空间是相似的。因为波希米亚风格的灵魂在于展示主人的个性。波希米亚风格的另一个重要特征在于不同材质肌理的搭配组合，例如怀旧的物品与偶尔的现代点缀和配色方案中新旧对比效果等，原则是它们之间必须和睦相处、融为一体。真正的波希米亚风格应该真实反映出主人的个性、喜好和生活，这正是波希米亚风格如此受欢迎的主因。随心所欲的创意和另类的选择是波希米亚风格的标志。波希米亚风格与对称无关，它是关于生活、爱情、艺术的大胆表白。

（2）人物

◆阿尔丰斯·慕夏（Alfons Maria Mucha, 1860—1939）。捷克波希米亚画家与装饰品艺术家，终生追求更高艺术境界的梦想，对现代工业设计影响深远。由于年轻时在巴黎求学的经历，慕夏的作品带有鲜明的新艺术运动（Art Nouveau）特征，也具有浓郁的波希米亚风情。其代表作品包括《四季》（*Four Seasons*）、《黄道十二宫》（*Zodiac*）和《斯拉夫史诗》（*The Slav Epic*）。

◆马克斯·什瓦宾斯基（Max Svabinsky, 1873—1962）。捷克画家，布拉格形象艺术学院成员。早期作品表现出现实主义、象征主义和新艺术倾向，1945 年被授予“民族艺术家”称号。其代表作品包括《黄色的阳伞》（*Yellow Parasol*）和《丛林中的恋人》（*Lovers in the Jungle*）。

2.建筑特征

（1）布局

波希米亚建筑的式样集中了欧洲历史上几乎所有建筑风格，如罗马式、哥特式、文艺复兴式、巴洛克式、洛可可式、新古典主义、帝国式、捷克立体主义、功能主义、结构主义和现代主义等，享有"建筑博物馆"之美誉。对于波希米亚的居住建筑来说，其平面布局基本都呈普通的长方形。两座或者多座房屋平行布置，两座之间形成内院，并有与侧面山形墙对齐的外墙与外界隔开；进入内院的拱形入户大门就设在这面外墙中间。

（2）屋顶

波希米亚传统房屋的外观式样根据其所在的位置不同而有所不同，以南部和西部的波希米亚建筑比较出名，大部分采用比较陡峭而简单的双坡屋顶，屋面材料大多覆盖红褐色的陶瓦、木瓦或者芦苇；其屋檐伸出很浅，也没有任何檩条或者木梁露出。简单而低矮的砖砌烟囱伸出屋脊部位，有时候甚至没有烟囱。

（3）外墙

传统波希米亚房屋的外墙大多采用砖砌或者石砌，表面采用白色灰泥粉刷，或者覆盖木板再粉刷成白色。其双坡屋顶两侧的山形墙往往出现巴洛克风格的大写"S"涡卷形的对称造型。侧面山形墙通常成为其主立面朝外，山形墙上的窗户和彩绘装饰图案均工整对称布置。如果墙面为白色，那么彩绘则为棕红色；反之墙面为棕红色，彩绘则为白色。

（4）门窗

波希米亚房屋常用比较小的平开窗户，单扇窗户镶嵌三块玻璃。入户大门和窗户的边框往往漆成白色或者深色，并且常常在窗户边框的外墙上再彩绘一个边框。主要窗户安排在对外的山形墙之上，而入户大门则安排在与山形墙垂直的、并且对内院的建筑正立面的正中间。进入内院的入户大门材料包括实木和铁艺，进入房屋的入户大门则为与窗户同样油漆的实木镶板门。

3、室内元素

（1）墙面

波希米亚风格的墙面喜欢局部采用带纹理质感的壁纸，特别是在床头板靠背的墙面上，其余大部分墙面则仍然采用色调柔和的涂料粉刷。对于天性喜欢色彩斑斓的波希米亚人来说，中性色调的墙面更易于控制整体的配色。墙面色彩最好来自于空间中所有物品中的主要色彩；此外，也常见类似于维多利亚时期的配色，它们包括焦橙色和金黄色，以及各种绿色调。

拼贴艺术是波希米亚风格的表现形式之一，拼贴材料不拘一格，它们包括布料、照片、杂志和任何边角废料。利用废弃的旧书页或者旧杂志作为壁纸使用，可以产生别具一格的视觉效果。

（2）地面

波希米亚风格的地面材料包括条木地板、镶木地板，或者表面为大地色调（如棕色和褐色等）的瓷砖。木地板一般仅做简单的清漆处理；白、褐拼花瓷砖地面常见于门厅地面。

（3）顶棚

传统波希米亚房屋的顶棚只是二层或者顶层阁楼平铺木楼板的底部，常常与木梁一道粉刷成白色，或者只做简单的清漆处理。卧室床具的上方常常垂挂饰以流苏的白色蕾丝或者薄纱。

（4）门窗

波希米亚室内木门十分简陋，大多为实木平板门，门套饰以简单的窄木线条，表面擦棕色后清漆处理。有些木门的正上方还嵌有一个可开启的小玻璃窗。有时候一块实木板就能充当窗台，在其上摆放几只花盆，但是大部分窗户并无窗台。

（5）楼梯

传统的波希米亚室内楼梯全部采用实木建造，包括楼梯踏板、踢板、栏杆和扶手，表面大多擦深褐色后清漆处理。有些木质栏杆只是类似于墙壁的木挡板，而另一些车削木质栏杆柱则采取无擦色清漆处理。偶尔也会见到采用水晶制作的栏杆柱，搭配实木扶手，别有一番艺术的情趣。很多楼梯都会铺上一块偏红色调的编织梯毯。

（6）橱柜

波希米亚风格的橱柜最重要的部分莫过于强烈而鲜明的色彩，至于橱柜和五金的种类和式样均无关紧要。事实上，波希米亚橱柜和五金的式样、材质可谓五花八门，但是柜门表面色彩往往与墙面色彩形成强烈对比，比如粉红色的墙面与粉蓝色的橱柜，或者蓝色的墙面与黄色的橱柜。

（7）五金

波希米亚风格的五金件从木质到金属，从铁艺、黄铜到镀铬、镀铜，最有特色莫过于应用彩带或者彩布条编织而成的柜门把手，可谓琳琅满目。选择波希米亚风格五金件材质和表面处理需要遵循与家具或者橱柜表面色彩对比的原则。

（8）壁炉

波希米亚风格的壁炉式样多种多样，大多与欧洲其他国家流行的壁炉架无关，一般也不用壁炉罩。波希米亚壁炉没有统一的风格，但有统一的气质：具有鲜明的个性色彩。壁炉架材质包括砖砌、石砌和木质等，砖砌和石砌壁炉的外表通常采用灰泥抹平后再用彩色涂料粉刷表面处理，或者直接在砖砌壁炉的表面粉刷处理。比较讲究的做法会在壁炉架表面饰以带阿拉伯图案的马赛克。其壁炉常见拱形炉膛门洞，偶尔配以造型简单的铁艺壁炉罩。其实无需专门为波希米亚风格去寻找壁炉架，任何式样的壁炉架都可以通过丰富多彩的配饰来营造出多姿多彩的波希米亚气氛。

（9）色彩

明亮又鲜艳的色彩是波希米亚风格的标志之一，因为色彩能够增添趣味性和吸引力。不过波希米亚风格更偏向于怀旧色彩，因此荧光色彩不适合于波希米亚风格。虽然展示色彩是波希米亚风格的魅力所在，但是仍然需要舒适而舒缓的色调，比如具褪色感觉的色调效果更好。波希米亚色彩近似于丰富多彩的印度纱丽（Indian Saris），或者生动活泼的手绘彩陶。

事实上，色彩的选择和搭配在波希米亚风格的装饰要素当中占支配地位。波希米亚风格趋向于选择松散的配色，只要不是荧光色，任何色彩的组合搭配均可接受。因此波希米亚的调色盘显得有些杂乱而丰富。象牙白和丰富的褐色比较容易与其他色彩搭配。与新怀旧风格（Shabby Chic）的粉色系色调不同，波希米亚风格的色调更朴实而大胆。

波希米亚风格的常用色彩包括橙色、红色、紫色、蓝色、鳄梨绿色和芥末黄色等。如果想更神秘的感觉，选择酒红色、午夜蓝色、墨黑色和森林绿色；如果希望更阳光一点的感觉，选择灰绿色、浓黄色、玫瑰粉红色和浅灰蓝色；如果想更接近大地的感觉，选择深褐色、铁锈色、砖红色、驼色和日光黄色；如果希望更吉普赛波希米亚的感觉，选择品红色、金色、紫色、橙色和翠绿色。

（10）图案

波希米亚风格充满着无数的复杂图案和无尽的色彩对比，其图案既繁复又简洁。典型的波希米亚图案基本上与花卉和天堂鸟（Paradise Bird）有关，各种组合花卉图形看起来像是五彩缤纷的万花筒，主要体现在纺织品上。常见的波希米亚图案包括佩斯利图案、吉普赛花、新艺术图案、花砖图案、科曼波斯地毯图案和几何图案。

除此之外，波希米亚风格也接受来自中东、印度和亚洲其他地区细腻而丰富的图案，只要它们的色彩够绚丽，就会受到欢迎。

4. 软装要素

（1）家具

◆ 餐椅

所有流行于 17—18 世纪的独特而又个性的家具均适用于波希米亚风格的室内装饰，比如路易十四时期的椅子、梳妆台，维多利亚时期的沙发和床等。这并非意味着波希米亚风格需要昂贵的古董家具，那些二手复制品倒更为适合。对于不太适合的家具，可以采取重新制作沙发套、覆盖手工编织毯或者阿富汗毛毯、装饰性靠枕及其他纺织品来改变外观。

◆ 六角桌

虽然波希米亚风格没有特定时期的家具式样，但是维多利亚时期的家具是其最爱。想象一下斜倚在深雕木框的躺椅上品味文学大师的小说是什么感觉，这正是波希米亚风格所追求的。可以选择挡风椅或者安妮女王式（Queen Anne）椅子；咖啡桌和边几最好是深色樱桃木或者桃花心木的材质。一张梳妆台的台面可以漆成红色，抽屉为黑色，而两侧则是绿色，看似不搭调正是波希米亚风格的特色；你还可以徒手在柜门上绘制各种图案。波希米亚风格的空间里基本不会出现超现代家具或者白色板式家具。

波希米亚风格的家具往往独特而又另类，如异形椅子上覆盖一块色彩明亮的布料。如果只有一个纯色的现代沙发也无妨，可以在其上覆盖一块厚重的锦缎，再添加几款亮丽色彩的丝质靠枕，让这个沙发散发出一点摩洛哥风格（Moroccan）的气息。只要家具看起来简单、舒适、悠闲并富有创造性均可，但绝不能凌乱，组合几只摩洛哥皮质蒲团或者几张不同式样的椅子都是很好的创意。沙发尽量以绒毛面料为主，那种旧行李箱或者储物箱经常被摞起来并在其上盖上一块布。此外，波希米亚风格还经常铺上个性化的布料或者佩斯利图案（Paisley Pattern）的围巾在茶几、床头柜上，或者披挂薄纱，又或者蚊帐在床具上方。

◆ 六角桌

◆ 扶手椅

◆ 电视柜 ◆ 箱桌 ◆ 抽屉柜

◆ 八角桌 ◆ 托盘折叠桌 ◆ 咖啡桌

◆ 沙发

◆ 沙发

◆ 蒲团 ◆ 床具

◆ 蒲团

（2）灯饰

波希米亚风格的台灯灯罩经常饰以维多利亚式的织品和穗边。几乎任何能够散发出温暖黄色光和柔和光芒的灯具均适用于波希米亚风格的空间，它们包括水晶吊灯、摩洛哥灯笼形吊灯和利用苏打水瓶作为基座的台灯等。波希米亚风格注重光线的效果，而非灯具的具体式样，因此灯具多选用磨砂或者黄色的灯泡。

◆ 吊灯

◆ 吊灯

◆ 桌台灯

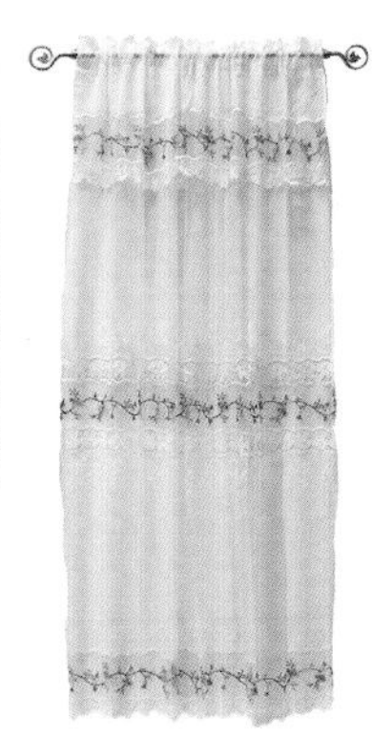

◆ 窗帘

（3）窗饰

波希米亚风格的窗帘式样非常简单，甚至没有窗帘杆；窗帘边沿常饰以流苏或者坠珠；采用色泽鲜艳的大围巾拼接而成的窗帘更有波希米亚的味道。窗帘有时候也应用于走入式衣柜，或者是当作门帘使用。

（4）床饰

波希米亚风格的魅力主要来自于其五彩缤纷、质感丰富的手工编织品。常用的纺织品包括绒布、丝绸、天鹅绒、印花棉布和羊毛等。波希米亚风格的床品首先需要一个单色的被子，然后在其上堆积各种图案和花纹的枕头。也可以选择五彩的被子，但是其上所有图案的色彩须保持相同的配色。床品通常饰以坠珠、亮片和流苏。传统的手工波希米亚刺绣（Bohemian Embroideries）是波希米亚风格布艺当中的重要元素，它可能会出现于波希米亚床饰的每块布料之上。

波希米亚风格的床饰无需遵循任何规则，但是需要牢记朴实、自然的原则，比如在手工棉被上面铺上一块阿富汗毛毯（Afghan），再点缀以手工缝制的枕头。波希米亚风格的床品常常反映出不同民族文化风情特色：印第安原住民或者墨西哥人毛毯上的纹理和图案，粗犷而质朴；法国蕾丝、亚洲丝绸或者怀旧丝绒织品，柔软而浪漫；中东阿拉伯风格的织品则充满了异域风情。

（5）靠枕

五颜六色的的靠枕散落在波希米亚风格空间里每一个角落，包括家具之上。靠枕边沿经常饰以流苏或者羽毛。波希米亚风格的靠枕也常用五颜六色的靠枕；织锦编织的鲜艳靠枕套与沙发和椅子十分协调。

（6）地毯

波希米亚风格五彩斑斓的地毯经常作为壁毯悬挂起来。波希米亚空间极少应用全铺地毯或者小块地毯，但是偶见的地毯有剑麻地毯、波斯地毯（Persian Rug）和带阿拉伯图案的地毯。波希米亚编织地毯（Bohemian Braid Rug）属于被称为“牙刷”碎布地毯的类别，因为据说这种色彩鲜艳的地毯最早是利用牙刷柄的孔和缺口编织而成。波希米亚佩斯利绒线刺绣地毯（Bohemian Paisley Crewelwork Rug）所特有的漩涡花纹富丽华贵，极富装饰性。

由于不在乎厚薄，波希米亚地毯的应用似乎主要是为了色彩的参与，因此花色而非质地是波希米亚地毯的首要考虑因素。源自于土耳其的基里姆花毯（Kilim Rug）十分适用于波希米亚风格。

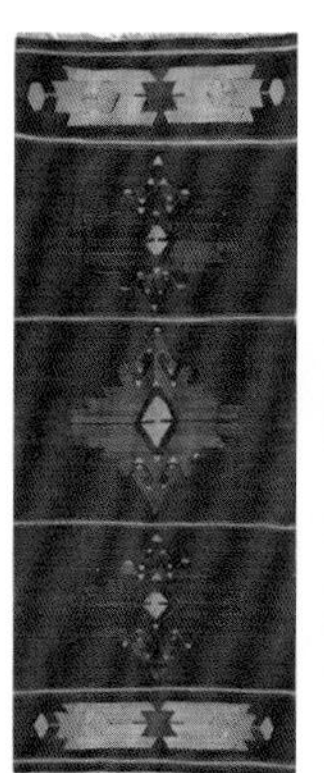

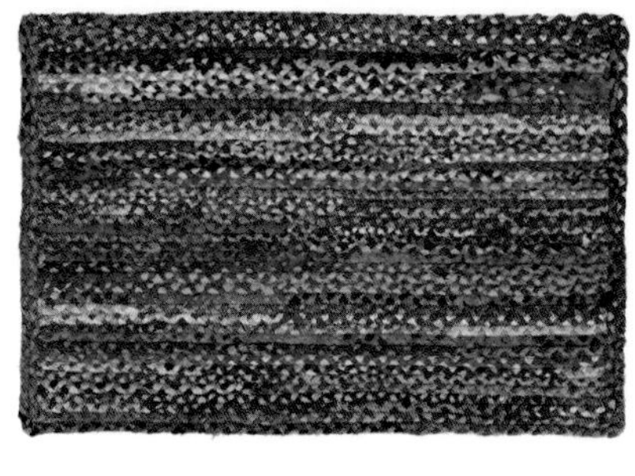
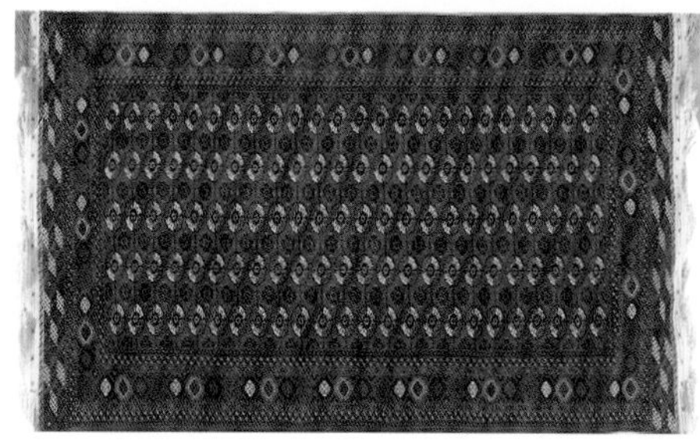

◆ 地毯

（7）墙饰

典型的波希米亚风格墙饰包括镜子、挂毯、大幅图画、旧相框镶嵌的黑白照片和明亮的现代风格绘画，以及印象派或者18世纪画风的油画。油画常配以木质画框，同时让油画与古董画架上的艺术品彼此呼应。波希米亚挂毯极具民族特色，它们不仅作为墙饰应用于床头或者沙发背景墙，也经常作为床饰应用于床罩或者缝制于被套，又或者作为窗帘布应用于窗户装饰，其鲜艳的色彩可以让空间顿时蓬荜生辉。事实上，印度的纱丽（Sari）也常作为波希米亚挂毯的替代品应用于波希米亚室内装饰。

波希米亚风格的墙饰喜欢将个性化的饰物悬挂起来，包括那些本不属于墙面的饰物（如盘子、托盘、蜡染织品或者编织地毯等）。色彩协调的窗帘也经常用于墙饰。

◆ 镜框

◆ 装饰画

◆ 挂毯

◆ 挂毯

（8）桌饰

波希米亚风格的桌饰千奇百怪、数不胜数，大多是一些怀旧的物品。它们包括无光泽纯银茶托盘内的旧香水瓶、金色或者银色的小镜框、手工彩绘的饰物、串珠、银质烛台、托盘、小雕塑、半身雕像、各类花瓶、篮筐、木质小饰品盒、艺术玻璃制品、陶瓷和古董书籍等。

为了增添一点异域的情调，并且凸显主人轻松的旅行者形象，波希米亚风格常常借用一些来自印度、北非、东欧或者中东地区的纪念品或者艺术品。为了提升主人不羁的艺术家气质，还会刻意展示几件茶具、乐器、水烟管、雕像或者旧艺术家画架等。

捷克玻璃（Czech Glass）和捷克水晶（Czech Crystal）是波希米亚风格中不可或缺的桌饰，代表着捷克崇高的玻璃艺术水平，数百年来流行于欧洲乃至全世界，包括了染色玻璃、彩绘玻璃和吹制玻璃，其中以雕花玻璃器皿最为璀璨夺目。常见的染色玻璃颜色包括红色、蓝色、绿色与褐色。

即使没有机会周游世界，你也可以通过网络、旧货店或者古董店等途径来收集一些艺术品、饰品和小摆设，以此来展示你丰富的旅行经历。波希米亚风格的饰品往往像在述说其背后的故事，因此它们看起来古老而陈旧，比如华丽的盒子、怀旧的瓶子、老式的地图和不成套的瓷器等。

◆ 玻璃或水晶瓶

◆ 玻璃或水晶罐

◆ 玻璃或水晶罐

◆ 玻璃或水晶杯

◆ 烛杯

（9）花艺

波希米亚风格注重营造一个舒适的居住环境，崇尚与所有的生命形式和睦相处，因此自然植物在波希米亚风格的室内空间当中常任重要角色。常见的波希米亚花材包括玫瑰花、康乃馨、太阳花、绣球花和高山杜鹃等。作为捷克人的波希米亚人视玫瑰为国花。

波希米亚风格的花器包括老式玻璃花瓶、水壶、水罐、酒瓶，或者利用英国罐头改造的花瓶等。

◆ 花艺

◆ 花瓶

◆ 花瓶

◆ 花瓶

（10）餐饰

波希米亚的餐桌上常用色泽鲜艳的围巾拼接而成桌布，或者饰以流苏的手工编织棉质桌布。其中央常用 2 个玻璃烛台作为中心饰物，别有一番温馨的情调。一般来说，波希米亚的餐桌不愿循规蹈矩，盛放蔬果或者鲜花的玻璃、陶瓷器皿、茶壶等看似随意摆放，却并不凌乱。餐桌上很少见到布置整齐的餐具和刀叉，似乎也难得使用成套的餐具。

诞生于 13 世纪的波希米亚水晶玻璃器皿（Bohemian Crystal Glass）是捷克古老工艺中的宝石，享誉全球。它造型别致，玲珑剔透，具有独一无二的魅力，不仅是一件精美绝伦的艺术品，也是波希米亚餐桌上不可或缺的生活用品。诞生于 14 世纪波希米亚西部霍德地区（Chodsko）的传统彩绘陶瓷品自古以来一直保留了其传统特色；表面经过手绘师精心描绘的花卉图案栩栩如生，似乎散发着鲜花的芳香，令人爱不释手，成为捷克女人乃至世界各地爱慕者毕其一生去寻求和收集的宝贝，也是波希米亚人用来妆点餐桌的重要饰品。

◆ 瓷盘

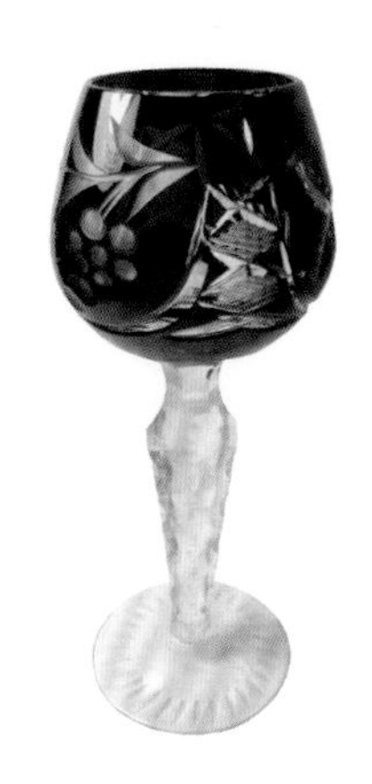

◆ 酒杯

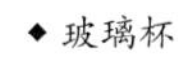

◆ 玻璃杯

◆ 酒杯

◆ 咖啡杯

第四章 | chapter 4

阿拉伯风格

Arabian Style

1. 起源简介

（1）背景

610 年：穆罕默德创立伊斯兰教。

632 年：四大哈里发建立一个以伊斯兰教为共同信仰的，政教合一的，统一的阿拉伯帝国，定都麦加。

651 年：阿拉伯帝国灭波斯帝国，波斯成为阿拉伯帝国的一部分。

661—750 年：阿拉伯帝国倭马亚王朝建都大马士革。

750—1258 年：阿拉伯帝国阿拔斯王朝建都新巴格达。

1258 年：蒙古大军踏平巴格达，阿拉伯帝国灭亡。

1299 年：西突厥人因蒙古人西进而被迫迁移，奥斯曼一世创立奥斯曼帝国。

1453 年：奥斯曼帝国苏丹穆罕默德二世征服拜占庭（东罗马），攻陷拜占庭首都君士坦丁堡，并更名为伊斯坦布尔作为奥斯曼帝国首都。

1543 年：奥斯曼苏丹苏莱曼一世继承哈里发职位，成为穆斯林世界的盟主。

1922 年：奥斯曼帝国告终，阿拉伯世界被英法分裂。

1923 年：土耳其共和国宣布成立。

◆ 阿拉伯联合酋长国利瓦绿洲

◆ 阿拉伯联合酋长国谢赫扎耶德清真寺

诞生于 9 世纪的《一千零一夜》，将人们带入到那个神秘而又传奇的阿拉伯世界；它不仅影响到西方的文学创作，也影响到世界上每一个希望再现古波斯、摩洛哥和埃及那华丽的伊斯兰印象，重温伊斯兰黄金时代辉煌岁月的人们。直至今天，阿拉伯风格充满异国情调的色彩和图案仍然带给我们无尽的创作灵感和想象空间。

伊斯兰教是阿拉伯伊斯兰文化的核心与灵魂，其强大的生命力使得阿拉伯世界无论遭受到怎样的蹂躏，宗教却能够生生不息，而且传播得更广更远。当中世纪整个欧洲还笼罩在宗教的黑暗之中时，阿拉伯人就已经在各个领域取得了令人瞩目的成果。阿拉伯人从一个落后的游牧民族到建立世界帝国，足以让伊斯兰装饰艺术成为影响世界的装饰艺术。

伊斯兰建筑装饰艺术诞生于中世纪，发展于中世纪，通过学习和模仿波斯、罗马、拜占庭、古希腊等不同风格的装饰艺术，最后形成其独具魅力的伊斯兰建筑装饰艺术。反过来，中世纪欧洲建筑装饰艺术也深受伊斯兰—阿拉伯装饰艺术之影响，例如马蹄形拱券的普遍应用。在阿拉伯世界的不同国家、不同时期留下过代表永恒的伊斯兰建筑装饰艺术的杰作，比如西班牙的阿尔罕布拉宫（Alhambra Palace）、土耳其的塞利米耶清真寺（Selimiye Mosque）和印度的泰姬陵（Taj Mahal）。

同样诞生于 9 世纪的藤蔓花饰艺术是伊斯兰艺术中最令人惊叹的部分，也是阿拉伯装饰艺术的灵魂所在。其美妙的线条是建立极富韵律感的线性模式，如涡卷形、纵横交错的树叶、卷须，以及几何线条之上，这与阿拉伯帝国时期阿拉伯人在数学方面取得的成就密不可分。藤蔓花饰艺术不仅体现在室内装饰方面，而且也是建筑装饰的重要组成部分。

至 11 世纪，藤蔓花饰艺术已经成为伊斯兰装饰艺术的代表符号。得益于阿拉伯发达的数学，藤蔓花饰趋向于越来越简单和程式化，它们往往呈直线和正常角度。13

世纪奥斯曼帝国艺术（Ottoman Art）中的羽状叶子主要源自于中国的瓷器。对于穆斯林来说，藤蔓花饰象征着团结与信念，也是伊斯兰文化看待世界的方式。今天的阿拉伯藤蔓花饰被广泛借用于壁纸和纺织品图案当中。穆斯林希望借助藤蔓花饰来描述世界，以求和真主合二为一。

被奥斯曼帝国灭亡之前的东罗马帝国文明建立在古希腊艺术和罗马艺术之上，同时也受到埃及、伊朗和叙利亚文化的影响，在建筑、壁画、镶嵌画和象牙工艺等装饰艺术领域有着辉煌的成就。突厥人（土耳其人的祖先）将游牧文化（如帐篷特征和盘腿而坐的习俗）带入到每一个征服之地，对于当地的建筑装饰和手工艺影响深远，同时也注重吸收所有征服之地原有的文化，包括装饰艺术。土耳其装饰艺术在奥斯曼帝国时期达到巅峰，具有统一的艺术风格和装饰主题，凸显其鼎盛时期的繁荣与奢华。

阿拉伯风格的室内装饰充满了东方的愿望同，这是一种令人兴奋并散发异国情调的装饰艺术。其含蓄或者大胆的图案、色彩和材质为空间提供了一个优雅的解决方案。阿拉伯装饰艺术的影响传播至整个地中海地区，包括西班牙、摩洛哥、希腊和法国等，其中对摩洛哥的影响最大。

世世代代以沙漠为生的贝都因人（Bedouin）是一个逐水草而居的游牧民族，他们是习惯于在沙漠旷野住帐篷的阿拉伯人，主要分布在西亚和北非广阔的沙漠和荒原地带。传统阿拉伯风格所体现出的乡村质朴和有机宜居的特征即源自于贝都因人的生活方式。这种生活方式和质朴气息在阿拉伯风格室内装饰中世代相传，它让居者置身于一个放松与舒缓的空间里，成为阿拉伯风格中与奢华类型对应的质朴代表。传统帐篷式的家居生活曾经非常简单，不过当阿拉伯风格发展到今天，阿拉伯风格则常常代表着奢侈。由于其炫丽的视觉效果，特别是五光十色的饰物完美组合并呈现在人们眼前时，不仅美得令人难以置信，而且令人陶醉其中。坐在地板上的传统习俗源自于阿拉伯古老的游牧民族生活方式，也是阿拉伯风格魅力的重要组成部分。

阿拉伯风格的魅力很大程度上来自于其色彩鲜艳而丰富的纺织品，以及纺织品变化多端的图案和质感。这些漂亮的纺织品包括波斯地毯、枕头、靠枕、挂毯、走道地毯和窗帘等；它们还被广泛应用于桌子、柜子和长凳之上，或者作为墙饰的框架和窗户的边饰等。质朴感的纺织品包括采用山羊毛、羔羊毛和骆驼毛手工编织的纺织品，而奢华感的纺织品则包括丝绸、缎、羊绒和天鹅绒。

通过极富异域情调的地毯、靠枕、织品和饰品，阿拉伯风格可以被纳入现代生活空间当中，无论是华丽的主题派对还是日常的家庭装饰。阿拉伯风格在全世界范围内广受欢迎的原因之一在于，任何人都可以通过大胆运用色彩斑斓的纺织品和饰品来营造阿拉伯氛围；置身于其中能够将所有的身心疲惫抛向九霄云外。阿拉伯之夜可以与波斯和摩洛哥的外观相媲美，当然也可以将它们融为一体。阿拉伯风格的魅力之二在于，只要选对了要素，包括阿拉伯绘画、灯罩、地毯、马赛克、隔断、镜子、纺织品和饰品等，你就可以尽情发挥想象力，最后的结果总是那么令人着迷和陶醉。

（2）人物

◆约翰·弗雷德里克·刘易斯（John Frederick Lewis, 1804—1876）。英国画家，擅长于描绘东方和地中海的生活场景。通过精美细致的水彩画，向人们展现了一幅幅活生生的传统伊斯兰风土人情。其代表作品包括《婚宴》（*The Reception*）、《阿拉伯贝都因人》（*Bedouin Arabs*）和《信心祷告救病人》（*And the Prayer of Faith Shall Save the Sick*）。

◆让·莱昂·热罗姆（Jean-Leon Gerome, 1824—1904）。19世纪法国学院派著名画家和雕塑家。热罗姆于1854年的土耳其之旅和1856年的埃及和近东之行，带给他极其深刻的印象，此经历使其作品在古典主义的严谨构图和色彩之中，表现出强烈的东方色彩和异域情调。其代表作品包括《宫殿闺房的露台》（*The Terrace of the Seraglio*）、《后宫浴》（*Harem Baths*）、《后宫浴池》（*Harem Pool*）和《后宫女人在庭院喂鸽子》（*Harem Women Feeding Pigeons in a Courtyard*）。

◆欧仁·弗罗芒坦（Eugene Fromentin, 1820—1876）。19世纪法国浪漫主义画家，擅长人物与风景画，尤其是阿拉伯地区的风土人情。其代表作品包括《林中小憩的阿拉伯骑士》（*Arab Horsemen Resting*）、《艾格瓦特的街道》（*A Street of Laghouat*）、《阿拉伯人》（*Arabs*）和《清真寺前的裁缝》（*Tailors in front of the Mosque*）。

◆ 刘易斯的作品

2、建筑特征

（1）布局

传统的伊斯兰－阿拉伯居住建筑结构清晰，为形式与秩序精心规划，而伊斯兰－阿拉伯人的生活方式决定了其空间的形式与秩序，其鲜明的空间体系让其成为世界建筑当中的重要一员。伊斯兰－阿拉伯传统注重男人与女人在空间中的严格区分，公共空间由男人主导，而私密和家庭空间则由女人主导。此原则决定了其住宅的空间布局，空间被清晰地划分为公共、半公共与私密三大部分，住宅的私密性是其考虑的根本要素。

除此之外，气候也是决定伊斯兰－阿拉伯房屋空间布局的另一个要素。对于处于炎热干旱地区的国家（如埃及、伊拉克和印度）来说，其空间特征为内向型的，即所有家庭生活空间均朝向一个内庭院。由柱子和廊道围合形成的中心庭院，中央往往有至少一个水池。

（2）屋顶

由于气候缘由，伊斯兰－阿拉伯房屋的屋顶几乎无一例外地采用平屋顶，偶尔在主要空间出现穹拱形屋顶。外墙升起形成简单、平直的女儿墙，但是高低错落有致；铸铁的排水管往往直接伸出女儿墙。其平屋顶在炎热的夏日里常作为露天卧室，有些较大的阿拉伯房屋会在其局部屋顶架设木质遮阳棚。

风塔（Wind Tower）也称作招风斗，它是数百年来传统伊斯兰－阿拉伯居住建筑的重要组成部分。其造型为一个与主体建筑连接在一起的方柱形高塔，顶部的一面或者四面均有格栅状窗洞，用于捕捉和引导迎面吹来的强风进入房屋内部，促进室内空气的自然流动，从而保持室内的凉爽。风塔常常与坎儿井（Qana，或者称作地下暗渠）配合应用，这时候风塔上的窗洞会背对主风方向。

（3）外墙

传统伊斯兰－阿拉伯建筑的外墙常用花式砌筑，由此产生变化丰富的阴影。更华丽的外墙装饰包括平浮雕式彩绘和琉璃砖装饰；在粘土砖上雕刻出单幅图案并拼装成大幅图案的砖雕艺术也是伊斯兰建筑装饰中的一门独特艺术。

沿红海和波斯湾地区的阿拉伯人常用珊瑚建造房屋，生活在高原地区的阿拉伯人采用石头建造房屋，而生活在沙漠和土地肥沃地区的阿拉伯人则应用粘土砖来建造房屋。为了反射更多的热量，大部分阿拉伯房屋的外墙粉刷成白色、米白色或者浅棕色。

（4）门窗

伊斯兰－阿拉伯房屋的大门和廊道由各种拱券组成，包括尖券、马蹄形券和多瓣形券等。进入阿拉伯房屋内部空间需要经过两个入口：开向内庭院的正门（Majaz）和对外的门道；一般来说，对外门道的尺寸比对内正门的尺寸更大。普通的阿拉伯木门采用红柳木或者棕榈木制作，富裕人家则采用从印度进口的柚木和檀香木来制作。木门常用单一的木板拼接而成，然后应用结实的铁铰链固定。过去常用黄铜螺栓固定木板以及黄铜门把手。

传统阿拉伯风格的入户大门往往带有各种拱券或者简单的圆拱形。厚实的实木板门表面经过擦褐色后清漆或者常用蓝色、黄色、红色、绿色油漆处理，并且常用圆铁钉装饰表面。为了表达对客人的欢迎，阿拉伯入户大门经常是工匠们展现其精美绝伦技艺的地方，因此可以看到大门上各式各样的装饰手法（如繁复的雕刻和精美的彩绘等），当然不同地区会选择不同的大门装饰手段。

大门边框同样是阿拉伯房屋入户大门不可忽视的组成部分，装饰的复杂程度往往与大门本身装饰的复杂程度成正比。与此同时，窗户装饰也与木门装饰的复杂程度相对应，充满着各种阿拉伯图案和阿拉伯文书法。

由于炎热气候和保护隐私的原因，伊斯兰－阿拉伯房屋的窗户尺寸较小，并且大多背对阳光，主要出于通风的目的而设，大部分只对内开口。其实很多对外窗户只是采用铁艺或者粘土砖形成的镂空窗格，其形状各异，边框装饰如同大门边框一样华丽、精美。

3、室内元素

（1）墙面

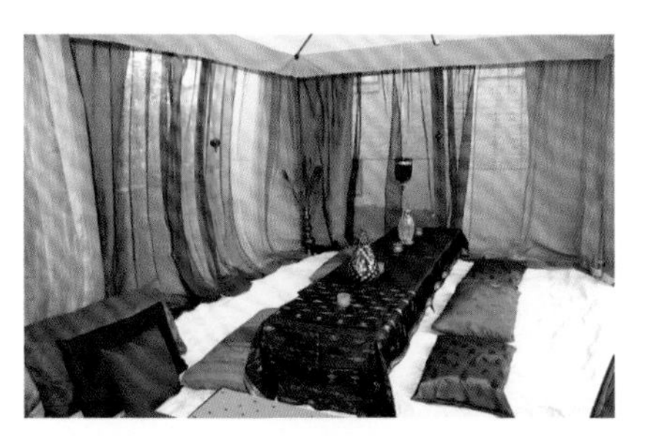

典型的阿拉伯风格墙面往往饰以带阿拉伯图案的壁纸，它可以充满整个空间，让人无法忽视；也可以装饰某一面墙，让人印象深刻。白色粉刷是阿拉伯风格墙面的另一个选择。起伏不平和肌理粗糙的墙壁表面有助于软化任何硬边。

阿拉伯风格的房间常将三面墙漆成温暖的中性色调，将重点的第四面墙则漆成明亮的色彩，如铁锈红或者橙色。中性色调是让人想起沙漠或者落日的色调，深色墙面（如宝蓝色）则适合于卧室或者起居空间。

（2）地面

阿拉伯风格传统的硬质地面包括木地板、镶木地板、抛光混凝土、花岗岩、大理石、人造石、洞石和瓷砖。源自于古罗马和拜占庭的瓷砖、马赛克的制作和拼贴艺术成为伊斯兰－阿拉伯装饰艺术中最绚丽的光芒，它们出现于庭院、室内地面、门窗框、镜框和墙面等处。传统的阿拉伯房屋地面常铺有彩色琉璃面砖。

（3）顶棚

阿拉伯风格的顶棚和墙壁常常覆盖着一层或者多层色泽鲜艳的纺织品，目的为了营造沙漠帐篷的气氛。

（4）门窗

阿拉伯传统的室内木门朴实无华，采用实木制作镶板门，表面经过擦深褐色后清漆处理。出于室内气候调节需要，传统阿拉伯房屋的窗户通常比较小，并且位置高高在上，通常无任何额外装饰。

豪华的阿拉伯房屋也用到彩色玻璃镶嵌室内门窗，镶嵌图案如其彩色瓷砖一样富丽堂皇，十分精美。除此之外，为了让室内空气畅通无阻，阿拉伯房屋的室内常用木质格栅式隔断来分割室内外空间。

（5）楼梯

普通的伊斯兰－阿拉伯房屋常见二层楼房，不过楼梯往往十分简单，一般无栏杆和扶手，而是采用砖砌或者石砌矮墙代替。富裕些的家庭则采用铁艺栏杆和扶手，栏杆式样常见直杆式和麻花拧式。事实上，很多阿拉伯房屋的楼梯依靠外墙建造在室外（庭院内），采用铁、木结合的结构，除栏杆部分采用铸铁铁花代替栏杆以外，其余部分均为实木打造，并且常常通体粉刷成与其大门相同的色彩，这样的楼梯常常为只有踏板的通透楼梯式样。

（6）橱柜

阿拉伯人的传统厨房一般十分简陋，厨房里的各种烹饪器具大多直接暴露摆放在简单的木质隔板之上。今天的阿拉伯厨房常用现代橱柜，配上代表阿拉伯的盔式顶（洋葱头）造型和通透格栅式的柜门，或者简单地饰以阿拉伯布艺和饰品来营造出伊斯兰－阿拉伯艺术的气氛。

（7）五金

阿拉伯传统的金属加工工艺有着悠久的历史，材质包括铁、黄铜、青铜、锡合金、铅合金和锌合金等。其铜质门把手大多呈半圆球形，表面布满各种阿拉伯图案和阿拉伯文书法的浮雕；而铁质把手则简单得多，表面无浮雕装饰，大多呈圆环形或者扁圆环形。

（8）壁炉

壁炉对于炎热干燥的广大阿拉伯地区来说并不常见，不过在摩洛哥有一种圆弧形的角壁炉，表面贴满精美的马赛克，炉膛门洞呈拱券形，不像实用壁炉更像是装饰品。而在迪拜则流行一种无烟囱的便携式户外壁炉。

（9）色彩

阿拉伯风格的空间是一个展示色彩的空间。除了中性色调常作为背景基调之外，重点色彩包括米色、米黄色、金色、焦橙色、深红色、紫色、紫红色、翠绿色、棕褐色、灰褐色、黄棕色、土黄色、赭色、玫红色、橙红色、暗橙红色、深蓝色和绿色等。

现代阿拉伯风格的空间往往从中性色彩开始，同时保持添加色彩的柔和与清淡。蓝色调通常作为焦点色，蓝绿色是这一配色理念中的神奇色彩。金色、银色和黄铜色给阿拉伯风格带来魔术般的感受。

（10）图案

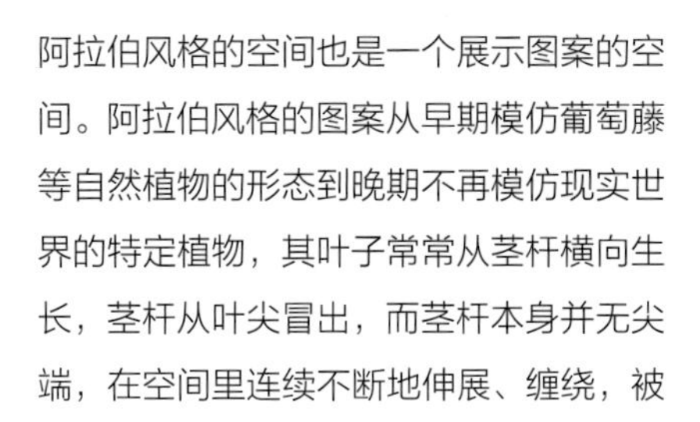

阿拉伯风格的空间也是一个展示图案的空间。阿拉伯风格的图案从早期模仿葡萄藤等自然植物的形态到晚期不再模仿现实世界的特定植物，其叶子常常从茎杆横向生长，茎杆从叶尖冒出，而茎杆本身并无尖端，在空间里连续不断地伸展、缠绕，被称作“半棕叶饰”。

花卉图案在 16 世纪之后普遍出现，特别是在奥斯曼帝国艺术（Ottoman Art）当中。阿拉伯图案几乎无孔不入，它们出现在床头板、台灯罩、床头柜和墙面等处。错综复杂的混合图案包括宽窄条纹、锯齿纹、阿拉伯文书法和各种抽象或者几何图形。对于穆斯林来说，无数的几何图形组合起来代表着在可见的物质世界之外还存在着无限的存在；无数个几何图形即象征着真主无限的、充斥寰宇的创造属性。由于伊斯兰教反对偶像崇拜，因此在阿拉伯图案当中没有人物或者动物图案。

以纹饰类别来划分，阿拉伯风格图案主要包括三大类：植物花卉纹、抽象几何纹和阿拉伯文字纹。阿拉伯图案艺术建立在伊斯兰美学的理论基础之上，通过鲜明的色彩对比、密集的层次变化以及灵活的组织变化，来构建丰富多彩的阿拉伯艺术中的瑰宝，也是伊斯兰宗教精神中安拉无时无处不在思想的具体体现。

以纹饰特征来划分，阿拉伯风格图案主要包括伊斯兰几何图案（Islamic Pattern）、阿拉伯花饰（Floral Arabesque）、交织图案（Interlace Embellishment）和混合图案（Combined Motif）。伊斯兰几何图案与自然界的晶体矿物质有关，它是由很多多边形镶嵌而成的对称图案；阿拉伯花饰来自于大自然的植物王国，它是由藤蔓、叶子和花卉按照人为设定的模式生长而成；交织图案是由无数根线条沿着特定形状的两侧，按照线条相互交织穿行的规则而成；混合图案是将伊斯兰几何图案和阿拉伯花饰按照多种方式交错、混合而成，混合图案也是阿拉伯风格图案当中最为丰富多彩的图案。

4. 软装要素

（1）家具

当年突厥人将盘腿而坐的游牧习俗带入到其征服之地，这就是阿拉伯家具低矮坐区的来由。被称作“梅杰勒斯”（Majalis）的阿拉伯式坐具是一种接近地面的软垫坐具，类似于现代沙发，不过靠背常用靠枕代替。事实上，现代沙发的原型就是源自于阿拉伯的古老坐具，意指一块升起的地面或者平台，其上铺以软垫。由于采用厚实得如充气囊似的软垫，使得这种低矮的坐具看起来非常舒适，事实上也如此。

坐区是阿拉伯人接待客人的重要场所，而毛绒坐具则是其中的重要组成部分。这种低矮的坐具可以随时转换为软坐垫或者大枕头，大号的软坐垫可以直接作为沙发来使用。椅子常被圆形软垫凳（蒲团）所取代，蒲团既可以作为坐具，也可以当作桌子或者搁脚凳。

阿拉伯风格的室内装饰以低洼的地势为特征，因此其家具也必然顺应这一特征而设计、制作。典型的阿拉伯家具包括沙发床、低床垫床具、矮沙发、多角茶几、镶板、雕花门、分隔屏、矮桌子、矮凳、箱子、可兰经盒、支架、豆袋坐垫和蒲团等。此外，阿拉伯家具大多暗藏储存空间。阿拉伯人较少使用桌子，茶水和食物均放在一只采用铜或者黄铜制作的托盘之上，并将托盘用可折叠式支架支撑。

传统的阿拉伯家具经常采用镶嵌金银丝工艺、雕刻和镶嵌细工工艺，特别是实木家具饰以雕刻精美的抽象和几何图案，同时大量采用胡桃木、花梨木、柠檬木、桃木和彩虹色珍珠母贝来镶嵌其表面。桌、椅甚至门扇均饰以复杂的雕工，并且镶嵌青铜、铜、银或者金。靠墙台桌、凳子、抽屉柜和玻璃展示柜则饰以雕刻和马赛克。

◆ 八角桌

◆ 八角桌

◆ 八角桌

◆ 多角桌

◆ 抽屉柜

◆ 靠墙桌

◆ 箱子

◆ 扶手椅

◆ 托盘折叠桌

◆ 托盘折叠桌

◆ 托盘折叠桌

◆ 蒲团

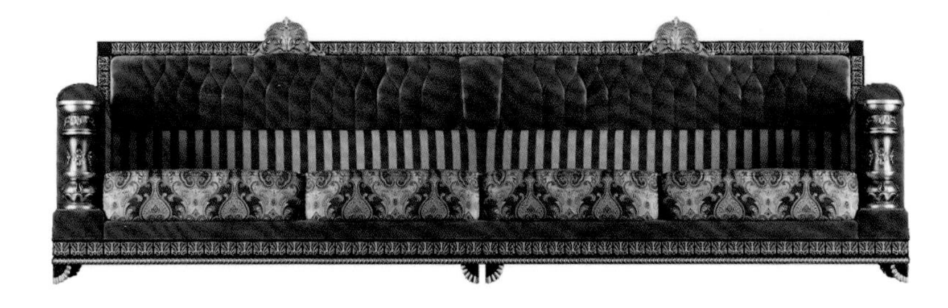

◆ 沙发

（2）灯饰

传统的阿拉伯灯具以灯笼形灯具居多，灯罩通常采用青铜、黄铜或者其他金属制作。精细的灯罩表面布满镂空的阿拉伯图案，镂空处镶嵌彩色或者不透明玻璃。当灯笼点亮之后，灯光透过灯罩上镶嵌的玻璃形成一个个阿拉伯图案光斑，洒落墙面、顶棚、地板和所有物件上，形成一个壮观的大图案。

阿拉伯灯笼适用于任何房间，可以挂在墙上、放在桌上，或者悬在顶棚；如果配上支架，也可以立在地面。阿拉伯灯笼配合烛台和低矮的台灯，共同营造出一个阿拉伯沙漠神秘夜空的氛围。保持低度的照明是营造阿拉伯氛围的关键。

阿拉伯风格的空间也可以选择中东、阿拉伯或者印度风格的灯具，或者是摩洛哥式样的灯笼、红褐色台灯和黄铜或者铜质壁灯。除了灯具之外，蜡烛常作为客厅、餐厅和卧室增添情调的辅助手段。无论应用什么样的灯具，灯光必须为温暖的黄色调。

公元前 1000 年便已出现的阿拉伯香炉极具阿拉伯文化特色。采用青铜或者黄铜制作的香炉表面镂刻着精细的阿拉伯花纹，它是用于盛装甜树脂（如乳香和没药）的器具，甜树脂是靠香炉内燃烧的木炭来点燃产生香烟缭绕。该器具既作为香炉也作为灯具使用，通常采用 3 ~ 4 根链条悬挂起来，可以由主人拎着到任何房间，也可以将它搁在任何地方。阿拉伯香炉主要包括了吊挂式、桌立式和落地式三种。还有一种香炉模仿阿拉丁神灯（Aladdin Lamp）的造型，点燃后香烟从壶嘴和镂空壶壁袅袅升起。

◆ 灯笼

◆ 灯笼

◆ 桌台灯

◆ 灯笼

◆ 桌台灯

◆ 香炉

◆ 阿拉丁神灯形香炉

（3）窗饰

阿拉伯风格的传统窗饰式样包括优雅的垂花饰、边垂巾、中垂巾、围巾幔和窗帘盒。成卷的丝绸或者便宜的涤纶和人造丝常常垂挂在窗户的两侧。窗帘面料包括优雅的丝绸、欧根纱或者丝绒（天鹅绒），其色调包括褐红色、蓝色、金色和绿色。窗帘常用带流苏的束带，帘布本身饰以穗边。

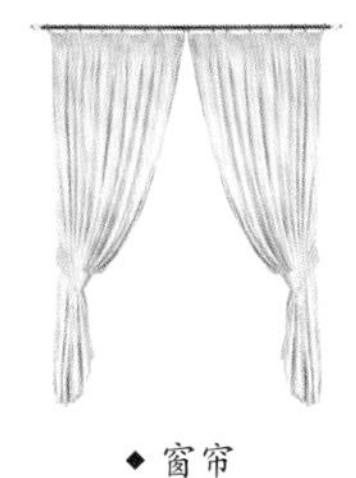

◆ 窗帘

◆ 帷幔

（4）床饰

阿拉伯床头的上方往往饰以一个采用织毯或者厚帘布制作的华盖，形状如沙漠圆尖顶帐篷。床头摆满各式各样的枕头，与沙发上的靠枕相同。软垫床头板常见模仿建筑门、窗洞的尖拱形造型，并且采用丝质面料制作。

阿拉伯床罩大多采用色彩艳丽并且饰满刺绣的丝质面料制作，与同样华丽的软垫床头板、枕头、华盖和床帘共同营造出一个浪漫而又神秘的阿拉伯之夜。阿拉伯卧室的调色盘主要包括紫蓝色、紫红色、紫色、酒红色和金黄色等。

◆ 靠枕

（5）靠枕

阿拉伯风格的室内空间里充满着各种大小不一、色彩斑斓的靠枕，靠枕套布满阿拉伯图案。其形状从正方形、长方形，到圆形和圆柱形，圆柱形靠枕常置于地板和沙发扶手处。靠枕丰富的色彩、肌理和图案交织在一起正是阿拉伯风格装饰的重要特色之一。

靠枕通常组合摆放在角落，按照前小后大的方式叠放在一起，或依靠墙壁，或平放地面。阿拉伯靠枕套边沿通常饰以流苏或者垂挂物，靠枕套的色彩包括明亮的橙色、紫色、红色和黄色。色泽鲜艳的靠枕套面常饰以刺绣。

（6）地毯

地毯在北非和中东地区有着悠久的历史，最早可以追溯到旧石器时代。正宗的毛绒地毯是阿拉伯风格装饰的最爱。昂贵的地毯材料包括羊毛和蚕丝，便宜的地毯材料包括尼龙和烯烃。阿拉伯地毯的应用范围相当广泛，它们不仅适用于地面，而且应用于椅子、床具和墙面之上，或者作为门帘来分隔空间。

阿拉伯风格的概念里离不开至少一块华丽的波斯地毯（Persian Rug），或者是带图案的柏柏尔地毯（Berber Rug），其色调以金色与红色为主。波斯地毯是阿拉伯风格的首选，同时也应用五颜六色的的东方地毯，如阿富汗地毯和土耳其地毯。

◆ 地毯

（7）墙饰

手工织毯和飘逸的织品常作为墙饰挂在墙上，或者披在家具上。阿拉伯挂毯的图画内容往往讲述某个古代的民间传说。挂毯的材料包括丝绸、人造丝或者涤纶。悬挂的刺绣织品通常饰以流苏。

典型的阿拉伯墙饰包括起源于土耳其的希伯来文邪恶之眼附身符（Evil Eye Amulet）。源自于印度的阿拉伯水烟袋（Hookah）可以悬挂于墙面，也可以搁置于搁架上或者展示柜内。阿拉伯墙饰还包括镶嵌马赛克、彩虹色珍珠母贝，或者饰以雕刻的金属镜框，其形状大多为圆形或者拱形。

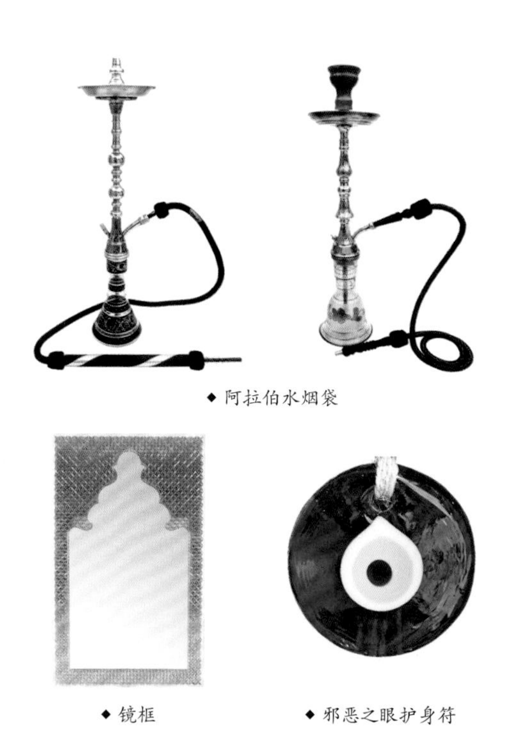

◆ 阿拉伯水烟袋

◆ 镜框

◆ 邪恶之眼护身符

（8）桌饰

阿拉伯风格的桌饰主要包括金属制品和木制品。最具代表性的阿拉伯桌饰是其传统的铜质咖啡壶和茶壶，再配上几只咖啡杯和托盘，就能够感受到浓浓的阿拉伯味道。阿拉伯咖啡壶和茶壶优雅、细长而弯曲的壶嘴让人立刻联想起“阿拉丁神灯”的故事。其铜、黄铜或者镍质的茶具托盘多半呈圆齿形边沿并饰以漂亮的纹饰。

阿拉伯桌饰还包括摩洛哥陶器，如花瓶、瓮和陶锅（Tagine），以及丰富多彩的摩洛哥玻璃茶杯，或者瓷茶杯和土耳其细颈盛水瓶。

◆ 茶壶

◆ 咖啡壶

◆ 咖啡壶

◆ 烛台

(9) 花艺

阿拉伯风格注重将自然元素引入到室内空间，就像沙漠游牧民族渴望绿洲一样重要。因此，阿拉伯人常用盆栽绿植来装饰室内空间。棕榈树经常置于墙角；排在窗台上的多叶植物则常用于装饰客厅或者餐厅。阿拉伯人很少应用鲜花来装饰室内，不过阿拉伯地区仍然有许多花卉传遍世界各地，常见的阿拉伯花卉包括阿拉伯茉莉花、阿拉伯婆婆纳、沙漠玫瑰、丁香、百日草、曼陀罗和番红花等，其中百日草为阿拉伯联合酋长国国花。

阿拉伯风格的花器材质包括陶瓷和玻璃，它们经常直接放在地面，内插人造花或者树枝。陶瓷花瓶表面彩绘色彩鲜艳或者复杂浮雕图案；玻璃花瓶大多为深蓝色或者玫红色彩色玻璃，表面饰以金色阿拉伯花纹或者文字。

◆ 花瓶

◆ 玻璃杯

◆ 泰琼陶锅

◆ 玻璃杯

◆ 泰琼陶锅

(10) 餐饰

传统的阿拉伯人习惯于只用右手进食，这一习俗一直延续至今，并在所有阿拉伯世界通用。阿拉伯的餐桌总是散发出浓郁的阿拉伯民族风情，色彩丰富的围巾和靠枕一应俱全。在低矮的餐桌周围散落着许多大靠枕，餐桌上的中心饰物包括水果盆和装有彩色玻璃球的玻璃碗等。

丰盛的阿拉伯美食自然离不开精美的阿拉伯餐具。代表北非炖菜的泰琼陶锅（Tagine）通常摆放在餐桌的中央；其余餐具包括采用陶瓷和黄铜制作的碗和盆，以及彩色玻璃水杯等。现代的阿拉伯餐饰往往增增添一些欧式餐桌的布置内容，如刀叉、酒杯和餐巾等。虽然偶见白色桌布的应用，不过大多数阿拉伯餐桌上不会出现桌布。

第五章 | chapter 5

摩洛哥风格
Moroccan Style

1、起源简介

（1）背景

◆ 传统建筑大门

历史上经历过腓尼基人、古罗马人、西哥特人、汪达尔人、希腊人、柏柏尔人（Berber）和阿拉伯人的轮番统治，摩洛哥人是一个身上留下不同民族烙印的人种，他们融合了各民族不同的文化和宗教，血液中流淌着各民族的基因。从腓尼基人开始，摩洛哥的战略地理位置就决定了其历史上的角色定位。

788年，正是阿拉伯人征服北非百年之际，摩尔人在摩洛哥改朝换代。16世纪的萨阿德王朝（Saadi Dynasty），特别是在艾哈迈德·曼苏尔（Ahmad al-Mainsur，1549—1603）在位期间，将外来入侵者挡在国门之外，开创了摩洛哥的黄金时代。13世纪初，阿拉伯的阿拉维人就开始移居摩洛哥，带来了阿拉伯文明和伊斯兰教。1649年开始进入阿拉维王朝，其部落首领声称是先知穆罕默德的后裔，受到尊崇，并于1668年发动“圣战”推翻萨阿德王朝。

1860年西班牙入侵摩洛哥北部地区，开始了与欧洲列强之间长达半个世纪之久的贸易竞争。1912年，法国以摩洛哥的保护国名义入侵摩洛哥，直至1956年摩洛哥才从与法国长期斗争中获得独立。西班牙同年归还了摩洛哥的港口城市——丹吉尔（Tangier）及大部分占领地。

作为连接欧洲与非洲的纽带，摩洛哥在文化上糅合了大西洋和地中海两大区域的特点，来自西北方向的法国和北方的葡萄牙与西班牙，以及来自东南方向的非洲原始文化，还有历史上的波斯和伊斯兰文化，都对摩洛哥文化产生了深远的影响。

由于历史渊源和地理位置，摩洛哥风格通常被归类于地中海风格的范畴当中。其广阔的沙漠地带，使得摩洛哥风格与美国的西南风格有着相似的特征，比如木梁顶棚、灰泥粉刷墙面、宽木地板、混杂的室内外空间与强烈的对比色调等。由阿拉伯人带来的伊斯兰文化和阿拉伯文明深深植入到摩洛哥风格的每一个细节当中。

摩洛哥人继承了将周围的绿洲引入室内的传统生活理念。制造荫凉的方法是将鲜

◆ 清真寺

艳的织品、五彩斑斓的家具、色彩缤纷的饰品、盆栽植物与柔和的光线混为一体。从卡萨布兰卡和丹吉尔闪亮的海岸线，到马拉喀什空气中弥漫的香料和神秘的玩蛇人，它们无不激发你再现北非异国情调的灵感和天赋。

摩洛哥风格起源于摩尔风格，到今天这两个词经常交换使用，描述着同一个事物。无论是建筑要素和装饰图案，还是家具式样和色彩组合，摩洛哥风格基本上继承了摩尔人遗留下来的宝贵文化遗产，并且无论是视觉上还是感官上经历了数个世纪几乎没有任何变化。摩洛哥或者摩尔建筑与室内艺术汲取了伊斯兰建筑与室内艺术的精华，它们擅长于利用空间与自然光线来创造出和谐、静思的空间，也擅长于雕刻木头与石头，装饰在其所有建筑物当中，几乎无处不在。

几乎任何人都会被摩洛哥风格绚丽灿烂的色彩所感染，它们来自于热情的红辣椒、蔚蓝色的地中海和闪耀黄色的撒哈拉沙漠。当然摩洛哥风格绝不仅仅靠色彩吸引眼球，其源自于伊斯兰建筑的精美吊灯和别具一格的木雕家具都会给每位观者留下深刻印象。

摩尔风格（Moorish Style）常用于描述源自于中世纪的西班牙、葡萄牙和北非的伊斯兰风格。它主要混合了摩洛哥式的室内设计，其特征表现为朴实而强烈的色彩结合宝石的绚丽色调，重复的图案，装饰性的铁艺，洋葱拱形门、窗洞，以及繁复而华丽的纺织品。华丽、轻薄，并且混合轻、重不同的纺织品是摩洛哥风格装饰当中的重头戏，从家具、窗框甚至顶棚上垂下的织物，在妨碍走动的地方用粗绳束带扎起，随风飘动。

传统的摩洛哥室内装饰艺术源自于柏柏尔人，柏柏尔人传统的纺织品、锻造金属、彩色玻璃、陶器、皮革、木雕、厚蒲团和灯笼式吊灯等，直至今日仍然被世界各地的设计师们热衷应用于其折衷风格（Eclectic Style）的作品当中。今天的摩洛哥工匠和设计师们继承了摩洛哥本土的传统装饰技术，运用本地的材料和华丽的装饰图案，创造出独一无二的摩洛哥室内空间，风靡世界各地。

（2）人物

◆欧仁 · 德拉克洛瓦（Eugene Delacroix, 1798—1863）。法国浪漫主义画家，其作品以强烈的色彩和饱满的激情描绘出北非和伊斯兰世界的历史和宗教题材，充满了异国风情。其代表作品包括《希阿岛的屠杀》（*Massacre at Chios*）、《领导民众的自由女神》（*Liberty Leading the People*）、《阿尔及尔女人》（*The Women of Algiers*）、《摩洛哥的犹太人婚礼》（*Jewish Wedding in Morocco*）和《摩洛哥的苏丹》（*Sultan of Morocco*）。

◆林德诺 · 马丁（Lindenau Martin, 1948—）。德裔法国画家，擅长于运用轻快的笔触和明亮的色彩来描绘北非的风土人情，特别是以摩洛哥为主题创作了一系列摩洛哥风情画，向人们展现出一个神秘而又迷人的摩洛哥。马丁足迹遍布整个地中海地区，其代表作品包括《梅克内斯一瞥》（*View of Meknes*）、《马拉喀什的集市》（*Souk in Marrakech*）、《年轻的摩洛哥南方》（*Young Moroccan South*）和《麦迪纳的街道》（*Street in The Medina*）。

◆ 德拉克洛瓦的作品

2. 建筑特征

◆ 内庭院

◆ 屋顶

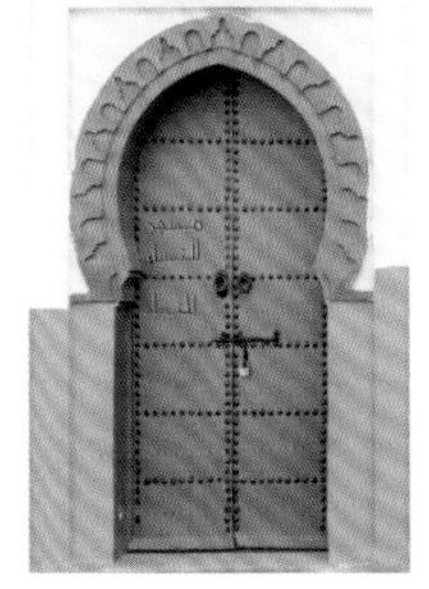

◆ 入户门

（1）布局

大部分摩洛哥居住建筑是建立在伊斯兰教地区的传统教义之上。对于阿拉伯人来说，室外空间留给工作之用，而室内空间则是避难所，因此他们将主要精力用于装饰室内，特别是中心庭院，表现出富丽堂皇的特色。因为伊斯兰教注重保护妇女的隐私，房屋往往围绕一个中心庭院而布局，中间的三重拱形观景走廊引向 2 ~ 4 间对称布置的房间，房间的形状通常狭长而又高耸。

（2）屋顶

由于摩洛哥干燥炎热的地中海气候，其屋顶基本为平屋顶，因此摩洛哥人经常会把屋顶当作露台使用。有些房屋受地中海文化的影响也出现赤陶瓦坡屋顶，不过大多只是装饰在出挑的檐口部位。

（3）外墙

据说为了防盗和预防野兽的袭击，摩洛哥房屋的砌筑墙体通常十分厚重而高耸，这正是阿拉伯建筑的特征。其实厚墙的目的也是为了遮阳和隔热。外墙装饰材料包括上半部的塔德拉克特灰泥（Tadelakt Plaster）粉刷和下半部的热里吉瓷砖（Zellige Tile），其中塔德拉克特灰泥是摩洛哥传统的防水灰泥，而热里吉瓷砖是一种赤陶砖，其表面用阿拉伯文字书写可兰经（Quran）语录或者组合多边形拼贴呈色彩丰富的几何图形。

传统摩洛哥房屋通常设计类似于吊脚楼式样的木质阳台，即带吊柱和屋顶的阳台，木雕通常十分精美并且非常复杂，表面经过擦深褐色后清漆处理。

（4）门窗

摩洛哥普通民居很少装饰窗户，仅在二层以上偶尔出现很小的窗口，通常是为楼梯间和服务间提供光线和通风而设置。摩洛哥房屋的门、窗洞大多为拱形或者键孔形（Keyhole）。一层很少窗户，不仅小而高，而且出于安全因素都安装铁艺格栅。二层窗户外面常见百叶窗遮阳，有些传统窗户采用复杂的镂空木板代替百叶窗，并且通常油漆成与大门一致的颜色。

摩洛哥入户大门上的实木浮雕十分丰富，是整幢房屋的点睛之笔，因此摩洛哥人认为从大门就能判断其室内是否漂亮，其实也反映了主人的殷勤好客和文化优雅。浮雕内容包括人物、动物、植物和几何图形等。有些大门的表面安装了装饰性的锻铁格栅。

实木门表面通常擦浅褐色后清漆，也有不少实木门的表面刷天蓝色、浅蓝色、橄榄绿或者深红色油漆。

3. 室内元素

（1）墙面

摩洛哥风格应用灰泥粉刷的室内墙面粗糙起伏，富有乡村情调。表面色彩包括白色、浅褐色、土黄色、米黄色、金黄色、深粉色和海蓝色；卫生间的色彩常用海蓝色和碧绿色。其墙面处理还包括粗面粉刷、仿灰泥粉刷和彩色涂料粉刷。摩洛哥人大量应用镂空隔断代替墙体，并且油漆成蓝色、绿色或者红色，成为摩洛哥风格的一大特色。

墙裙部位经常镶嵌彩绘马赛克或者瓷砖。重要的那面墙的色彩往往与众不同，比如漆成钴蓝色，而其他墙面则漆成橙黄色或者橘黄色。墙面经常悬挂紫色、蓝色和红色的帆布帘或者天鹅绒帘，用来营造阿拉伯帐篷的气氛，也能够增加墙面的肌理效果。

（2）地面

瓷砖非常适合于当地炎热的气候，表面往往描绘亮丽的几何图形，色彩包括蓝色、绿色和蓝绿色等。赤陶砖的地面使得摩洛哥风格的室内看起来更加朴素；深色实木地板也是摩洛哥风格常见的地面材料。

（3）顶棚

摩洛哥风格的顶棚处理方式丰富多样，它们包括模拟沙漠帐篷效果的垂吊缎子、薄绸或者欧根纱（Organza）、精美绝伦的彩绘顶棚和最简单的粉刷与墙面色彩一致等。

（4）门窗

百叶窗十分适合于摩洛哥的自然气候，特别是带有磨损痕迹的百叶窗更增添了一份历史的沧桑感。室内木门相对于室外木门来说要简单很多，首先省略掉了复杂的浮雕，基本为实木镶板门，表面擦中度褐色后清漆处理。

（5）楼梯

摩洛哥楼梯往往是实体楼梯，即与墙体成为一体，其下面空间仍然可以利用，仅安装黑色锻铁扶手在墙壁上。摩洛哥风格喜欢将彩绘瓷砖贴于楼梯的踢面，而踏面则采用实木板；如果楼梯在庭院，其踏面则采用赤陶砖铺贴。

独立的楼梯大多配备铁艺栏杆和扶手，栏杆以简洁的直线型为主，或者直线与涡卷形结合，扶手常常只是扁铁。

（6）橱柜

摩洛哥橱柜的魅力来自于其表面丰富的装饰，包括彩绘和浮雕，与其彩绘瓷砖的背板相互呼应。吊柜柜门常常没有门扇而只有剪成拱形或者键孔形的门洞，让色彩斑斓的餐具一览无遗。其地柜采用米白色大理石台面，与深色的柜体和柜门形成色彩对比。也有些地柜台面铺贴瓷砖。

（7）五金

◆ 把手

摩洛哥风格常用的纽扣形把手表面饰以丰富的雕刻，并且镶嵌五颜六色的宝石；其瓷质球形把手表面饰以彩绘。此外也常用锻铁打造的环形拉手。

（8）壁炉

摩洛哥风格的壁炉往往没有壁炉架，少数出现的壁炉架式样来自于欧洲，并且会在其外边装饰阿拉伯传统建筑镂空剪影来改变原貌。传统摩洛哥壁炉的边框通常铺贴彩绘瓷砖，炉膛口处则安装一个铁艺镂空花格，中心部位剪出洋葱拱形或者键孔形的门洞。很多壁炉炉膛口形状本身就像洋葱拱形或者键孔形的镂空剪影，并且会沿着边框铺贴精美的彩绘瓷砖或者浮雕瓷砖。单片壁炉罩也经常采用镂空剪影的黄铜片或者铁片来制作。

（9）色彩

有人说摩洛哥风格的魅力来自于其强烈而鲜明的色彩，这话一点都不夸张。蓝色与绿色来自于地中海与大西洋，闪耀的金色和银色来自于撒哈拉大沙漠，鲜艳欲滴的红色与橘色让人联想起非洲落日。暖色调来自于大地和香料，它们包括红色、粉红色、橙色、淡黄色、浅黄褐色、灰褐色、沙色、辣椒红色、橙黄色、咖喱色和深褐色等，往往与钴蓝色形成微妙的对比关系。摩洛哥风格的常见色彩包括深蓝色、深紫色、淡蓝色、深红色、土褐色、红褐色、黄褐色、紫红色、翠绿色、草绿色、灰绿色、暗黄色和叶绿色等。摩洛哥人通常选择其中的两种作为主色调，其余三种作为次色调。粉红色常常与其他色彩搭配应用。蓝色是摩洛哥风格色彩当中最常用的色彩，经常与蓝绿色、浅绿色、白色、黄色、金色、银色和绿色组合。

（10）图案

摩洛哥风格的图案丰富多彩，深受摩尔、柏柏尔、阿拉伯、安达卢西亚、地中海、埃及和非洲部落文化的影响。除了具象的动、植物图案（如大象、骆驼、马、花卉）以及大马士革图案（Damask）之外，最具特色的就是纵横交错的几何图形。可以说除了丰富大胆的色彩以外，令人眼花缭乱的几何图形也是摩洛哥风格的魅力源泉。

摩洛哥的几何图形主要源自于伊斯兰艺术中那些象征团结和多样性创造的原始符号，特别是阿拉伯人对于代数学和三角学的探索。摩洛哥瓷砖中的几何图形以两个正方形旋转后形成的八角星出现的频率最高，通过不同的组合、变化形成拼图。第二种常见图案为蔓藤花纹（阿拉伯式花纹）和阿拉伯书法。复杂的图形运用对称布置原理，通过来自三角形、正方形、六边形、十边形和十二边形的组合之后获得。

4. 软装要素

（1）家具

◆ 扶手椅

◆ 扶手椅

摩洛哥风格的家具式样与其繁复的图案相比要简单很多。家具特征包括涡卷形锻铁、螺钿镶嵌、深雕装饰、色泽艳丽的面料、错综复杂的马赛克或者赤陶砖、沙发靠背及扶手、低矮的沙发和桌子等。边几和咖啡桌的台面常常饰以彩绘马赛克，椅腿和椅背则饰以复杂的雕刻。

摩洛哥人经常为软垫扶手椅和软垫贵妃椅配置地枕（Floor Pillow）、软垫搁脚凳或者雕刻木凳。由于摩洛哥人注重休息与放松，其室内空间常见较深的组合沙发搭配软垫搁脚凳或者厚蒲团。厚蒲团也当作小号软垫搁脚凳使用，其表面饰以皮革或者醒目图案的织物。软垫面料包括棉布与皮革，并且采用钉头固定。

采用黄铜打造的圆托盘底下用六边形木雕支架支撑是摩洛哥非常有特色的咖啡桌或者边几，托盘表面饰以图案精美的蚀刻，木雕支架有固定和折叠的两种。

六边形木质边几是摩洛哥风格的标志性家具之一，其通体表面饰以丰富的图案，桌腿雕刻和镂空繁复，基本模仿建筑拱形走廊造型。虽然每一张边几感觉都不同，但是整体造型近似。

另外比较有特色的摩洛哥家具还包括实木雕刻并镂空的屏风、造型类似于六边形边几的六边形木凳、实木镂空扶手外卷的扶手椅和手工彩绘的巴荷特桌（Bajot Table）。

◆ 扶手椅

◆ 六角凳

◆ 桌子

◆ 六角凳

◆ 八角桌

◆ 托盘桌

◆ 托盘折叠桌

◆ 储藏柜

◆ 蒲团

◆ 储藏柜

◆ 蒲团

◆ 抽屉柜

◆ 抽屉柜

◆ 箱子

◆ 沙发

◆ 屏风

（2）灯饰

◆ 吊灯笼

摩洛哥人喜欢透过台灯和吊灯上镶嵌的彩色玻璃散发出的昏暗灯光。灯罩通常采用切割金属片、银、黄铜、青铜、锻铁、木雕和彩色玻璃制作，采用金属基座。花丝灯（Filigree Lamp）灯罩是摩洛哥风格灯饰中最大的亮点，其表面镶嵌华丽的彩色玻璃和串珠，并且在边沿饰以坠珠。此外，摩洛哥风格顶棚常用锻铁枝形吊灯，墙面常见锻铁灯笼形壁灯。

灯笼是摩洛哥风格最有特色的灯具，造型各异，光彩夺目。光线透过镶嵌在金属球壳上的彩色玻璃投射到墙壁上，呈现出一片五彩缤纷的效果，与同样色彩鲜艳的布艺和彩绘一道，营造出一个神秘而又梦幻般的异域情调。有些灯笼的光线透过金属球壳上密集的穿孔，在墙面上产生神奇而炫目的光斑。

◆ 吊灯笼

◆ 吊灯笼

◆ 吊灯笼

◆ 吊灯

◆ 壁灯

◆ 桌台灯

◆ 桌灯笼

◆ 桌灯笼

◆ 桌灯笼

（3）窗饰

摩洛哥风格窗户式样基本为简单的穿杆式或者吊带式，深色实木或者锻铁的窗帘杆安装在接近顶棚位置，窗帘一直下垂至地面。窗户的顶部常常安装木质窗帘盒，正面雕刻大扇贝图案。有时候为了改变原有长方形的窗户，增加摩洛哥风格的气氛，可以紧贴窗框制作一个木质镂空的拱形或者键孔形窗花框；还有一种做法是在窗框内安装一个木质镂空的窗花格。镂空图形均为繁复的阿拉伯图形，表面均经过擦深褐色后清漆处理。

窗帘的最外层往往为一层软薄纱，色彩常见白色、金色、红色和蓝色；第二层窗帘采用轻质面料，色泽明亮（如深蓝色或者可可棕色），边沿饰以坠珠，并且采用鲜艳的缎带作为窗帘束带。

◆ 窗帘

◆ 床品

（4）床饰

为了营造出一种神秘的气氛，让人联想起沙漠集市的帐篷，摩洛哥人喜欢在床头、坐具、餐桌或者整个房间的顶棚上方垂挂色彩丰富的丝质品，或者应用土耳其华盖。用于摩洛哥床饰常用的纺织品包括织锦、亚麻、羊毛、天鹅绒和棉布。

活泼而强烈的色彩是摩洛哥卧室的魅力所在，常见的色彩包括橙色、紫色、紫红色、桃红色、浅黄褐色、姜黄色、橙黄色、淡褐色、钴蓝色、亮绿色和金色，它们通过枕头、床罩和华盖组合在一起。

（5）靠枕

摩洛哥风格离不开一大堆五彩缤纷、形状各异的靠枕，它们应用于所有的家具、床具和地板之上。摩洛哥人习惯席地而坐，靠枕也比一般靠枕尺寸大而厚，皮革面料的圆形厚靠枕常常作为蒲团之用。

摩洛哥靠枕套面料一般采用丝绸和天鹅绒，其花色一如既往地采用橙色、黄色、紫红色、红色、褐色、紫色和蓝色等。常见图案包括大象、马、骆驼、花卉、条纹、格子、阿拉伯文字和几何图形等。摩洛哥靠枕以方形为主，通常没有任何边饰。

◆ 靠枕

◆ 靠枕

（6）地毯

摩洛哥风格喜欢应用长毛绒的波斯地毯，其花色以独特而生动的图案为主。常见的摩洛哥风格地毯包括摩洛哥阿特拉斯地毯（Moroccan Atlas Rug）、柏柏尔地毯（Berber Rug）和摩洛哥基利姆地毯（Moroccan Kilim Rug）。源自于土耳其的基里姆地毯（Kilim Rug）在传至摩洛哥之后由阿特拉斯群山（Atlas Mountains）的妇女们手工编织，既可以用于地毯也可以装饰墙面。

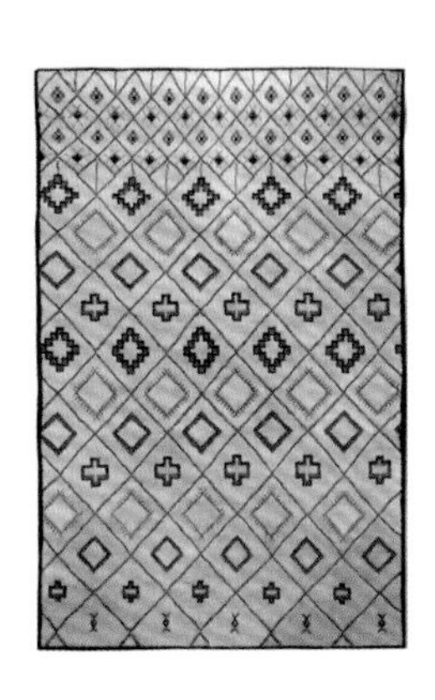

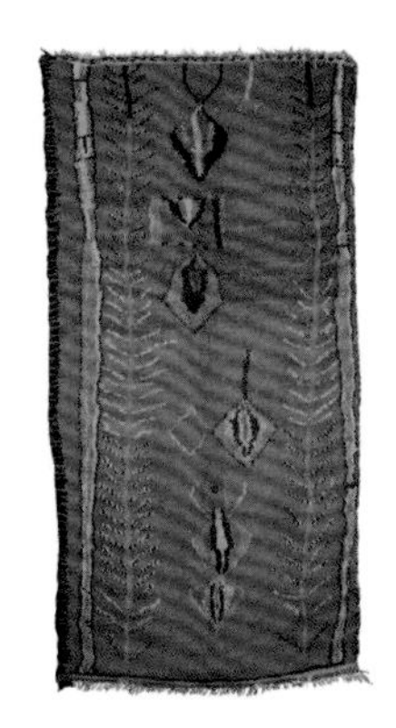

◆ 地毯

（7）墙饰

为了加强神秘的空间气氛，巧妙反射光线和增强墙面的装饰性，传统的摩洛哥墙饰少不了各式各样的镜框，它们包括八角星形镜框、洋葱拱形镜框、边框镶满宝石的镜框，以及铸铁或者木雕宽边镜框。

在传统的摩洛哥风格室内空间里，华丽的壁毯常常从顶棚一直垂落到地板。特别是提花编织的棉质艺术壁毯，其底边通常呈现几个倒尖锥形或者倒圆锥形，适用于挂在墙面，也常用于窗饰作为帷幔。

◆ 镜框

（8）桌饰

极具阿拉伯特色的水烟管（Hookah Pipe）是摩洛哥风格的文化符号之一。银质或者黄铜材质的茶具（往往搭配同质托盘），桌面上的蜡烛、香，以及散发肉桂、肉豆蔻、藏红花或者任何异国情调香料味道的器皿，它们都能够让人立刻感受到摩洛哥集市的魅力。

典型的摩洛哥桌饰还包括银质咖啡具、银碗、银盘、彩绘几何图形的陶器、油灯、水罐、陶罐、动物雕像、铜器、玻璃瓶、香水瓶、木质雕像、柳编篮筐和骆驼骨头等，它们象征着这个民族的古老文化。

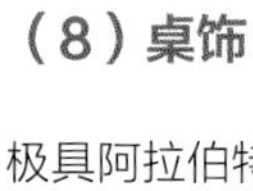

◆ 茶壶

◆ 茶壶

◆ 咖啡壶

◆ 托盘

◆ 烛杯

◆ 烛杯

◆ 烛杯

◆ 水烟管

（9）花艺

花艺有助于在摩洛哥的室内空间里打造一个沙漠绿洲。摩洛哥风格的常用花材包括香蕉树、纸莎草、兰花、鸢尾花、香雪球、菘蓝和康乃馨等，其中康乃馨是摩洛哥的国花。除此之外，仙人掌、竹子和蔷薇也是常见的花材。

传统摩洛哥彩色玻璃或者陶土花瓶的表面经常饰以银和彩色石头。小型彩绘釉面花瓶适合于插花，以摩洛哥城市菲斯（Fez）出品的蓝、白色调的赤陶花瓶最为著名。大型的无釉赤陶花盆适用于较大的植物。

◆ 花瓶

◆ 玻璃杯

◆ 瓷盘

◆ 摩洛哥陶锅

（10）餐饰

传统上摩洛哥人喜欢坐在厚蒲团上围绕低矮的餐桌进餐，食物被盛在共用的碗中互相传递分享。餐桌通常覆盖以亮丽色彩的桌布（如紫红色、紫色或者橙色），厚蒲团的面料同样饰以宝石色调的面料或者皮革。餐桌上布置彩色玻璃花瓶、金色灯笼、餐垫或者烛台、五颜六色的节日彩带和金色、蓝色、粉红色或橙色的珠子。餐桌上少不了最具阿拉伯饮食文化特色的摩洛哥陶锅（Tagine），其表面彩绘并上釉，并且带有一个与众不同的锥形锅盖。

蓝宝石玻璃酒杯和茶杯是摩洛哥传统的代表性餐具，其表面和沿口饰以精美的黄金花纹，在午夜的月光下发出幽幽的神秘色彩，同时又充满浪漫的情调。

选择金质、黄铜水壶或者茶壶。餐盘、酒杯和刀叉的布置无需遵循欧洲的传统餐饰，基本上在餐盘的左边放叉子，右边摆餐刀，酒杯则根据需要摆放在餐盘的右上角。摩洛哥风格的银质刀叉常见六边形手柄，并且在端部模仿建筑造型特征。

第六章 | chapter 6

西班牙殖民风格

Spanish Colonial Style

1、起源简介

（1）背景

公元前 218 年—18 年：罗马帝国统治西班牙，西班牙被罗马化。

4 世纪末—5 世纪初：蛮族苏维汇人与西哥德人入侵西班牙，于 412 年建立西哥德王国，后被阿拉伯人所灭。

711—1492 年：摩尔人（源自于北非，主要由埃塞俄比亚人、西非黑人、阿拉伯人和柏柏尔人组成的多文化族群的统称）入侵西班牙和葡萄牙。

1492 年：天主教国王打败摩尔人，成立西班牙王国。伊莎贝尔女王和费迪南国王以天主教取代摩尔人的伊斯兰教。同年，哥伦布发现美洲新大陆。

1493—1502 年：哥伦布发现并开始殖民中美和南美洲。

1522—1539 年：西班牙征服南墨西哥和中美洲北部地区。西班牙掠夺以印第安三大古文明——玛雅、阿兹特克和印加所在地——中美洲和南美洲。

1524—1555 年：西班牙征服北墨西哥。

1550—1600 年：西班牙远征队到达美国现在的佛罗里达和加利福尼亚。

18 世纪末：西班牙传教士开始在美国西部建立传教区。

1819 年：美国从西班牙人手中武力夺取佛罗里达。

1821 年：墨西哥脱离西班牙正式独立。

1846—1848 年：美墨战争，最后以美国如愿获得美国西部和西南部地区而告终。

经历过罗马人长达 500 年和阿拉伯人长达 800 年统治的东西文化交融，西班牙终于在 15 世纪末迎来了其不可一世的海上霸主时代，在新老移民汇集的美国西部和西南部地区，一种混合着西班牙传统和美洲原住民文化的西班牙殖民风格在此地深深扎根，并从这里辐射至世界各地。

自从克里斯托弗·哥伦布（Christopher Columbus，1451—1506）于 1492 年发现美洲大陆以来，西班牙帝国对于美洲大陆中部地区进行了长达近 4 个世纪的殖民统治，这个地区包括了加勒比群岛、墨西哥、北美西南和南部海岸与美国加利福尼亚太平洋海岸线等。

早期西班牙殖民者与传教士凭借其帝国威风一起征服了美洲，从此在这块土地上

◆ 圣胡安传教区

开疆扩土，肆意掠夺，传播教义。西班牙殖民风格（Spanish Colonial Style）与西班牙传教士风格（Spanish Mission Style）之间的关系从一开始便密不可分，互相影响。

几个世纪以来，受西班牙控制的北美洲，包括今天的亚利桑那州、加利福尼亚州、德克萨斯州与新墨西哥州，这些地区人们的生活方式都深受西班牙文化的影响。19 世纪早期，美国、西班牙之间反对西班牙统治的独立战争造成美国大部分西班牙殖民地相继独立；直至 1898 年，西班牙在美国的殖民地才彻底丧失。

由于西班牙殖民者在殖民地强行推行天主教，伴随传教区的教堂、修道院、学校和医院成为当时原住民的活动与文化中心，以至于天主教在当地的影响力深达人心，成为西班牙殖民家居生活中不可或缺的组成部分，大部分家庭里供奉着木雕或者油画天主教圣人像。

学术上将美国南加州圣盖博地区出现的西班牙风格建筑划分为 3 个时期，它们分别是：1770—1845 年的西班牙殖民风格（Spanish Colonial），1895—1920 年的传教士复兴风格（Mission Revival）与 1920—1939 年的西班牙殖民复兴风格（Spanish Colonial Revival）。它们相互影响，彼此重叠，各有特点。为了去繁存简，本文中的西班牙殖民风格是对西班牙殖民复兴风格的简称。

西班牙风格被移植到北美洲之后至少分离出三种著名的派生风格：传教区风格（Mission）——应用厚重的木门和锻铁窗格栅；蒙特里风格（Monterey）——应用悬挑的二楼阳台；西班牙殖民风格（Spanish Colonial）——应用石材、土坯砖和灰岩石等自然材料。这三种派生风格特征都被整合应用到了今天的西班牙殖民风格当中去，成为西班牙殖民风格房屋统一的标志性符号，也是温暖气候地区房屋的最佳选择。

有着 4 个世纪历史之久的西班牙庄园式住宅（Spanish Hacienda）意指比较大的豪宅，它代表着墨西哥的传统历史，象征着主人的身份与财富。它混合了墨西哥乡村风格与西班牙殖民风格的装饰式样，结合舒适与奢华的现代生活理念，是一种跨越时空的装饰风格。由此发展而来的西班牙庄园式风格亦被称作西班牙哈仙达风格（Spanish Hacienda Style），流行于美国西部地区乃至于全世界，属于西班牙殖民风格当中比较豪华的一种装饰级别。

今天的西班牙殖民风格是西班牙殖民者创造的西班牙殖民文化与当地美洲原住民——印第安文化的结合体。这种结合体伴随着西班牙传教区（Mission）的宗教建筑艺术而常常被称之为“传教士风格”（Mission Style），主要出现于美国西南部地区。传教士风格建筑的特征表现为朴素的灰泥粉饰外墙或者石砌墙体与红色的赤陶瓦，成为后来出现的西班牙殖民复兴风格（Spanish Colonial Revival）的原型。

20 世纪 20 年代，因西班牙南部旅游热使美国加利福尼亚州兴起一股西班牙殖民复兴风格（Spanish Colonial Revival），或者简称为西班牙复兴风格（Spanish Vevival）建筑的浪潮。西班牙复兴风格的风行主要得益于 1915—1917 年间举行的巴拿马加州博览会（Panama-California Exposition）。西班牙复兴风格融合了西

◆ 西班牙殖民房屋

◆ 圣胡安传教区内庭院

班牙巴洛克式（Spanish Baroque）、西班牙殖民式（Spanish Colonial）和摩尔复兴式（Moorish Revival）。其中西班牙巴洛克式指从意大利传至西班牙的巴洛克建筑艺术，西班牙殖民式指西班牙殖民者在美洲大陆——新世界（New World）所创造的西班牙建筑艺术，而摩尔复兴式是经过欧美设计师改良之后的伊斯兰建筑艺术。

西班牙复兴风格的建筑与室内特征包括风干砖坯、粉饰灰泥墙面、无釉赤陶砖瓦、彩绘瓷砖、深色实木顶棚梁、嵌入式壁龛、拱形门窗洞、深色实木百叶窗、雕刻木门和色泽鲜艳的织锦等，其中最显著的特征为黑色锻铁打造的大门、栏杆、扶手和窗户格栅。

西班牙复兴风格盛行时期产生一种模仿自西班牙卡塔莉娜瓷砖（Catalina Tile）和马里布瓷砖（Malibu Tile）的彩绘花砖的生产，其独特之处在于丰富多彩的图案产生于无釉面与釉面的结合。美丽的墨西哥塔拉韦拉（Talavera）彩绘瓷砖色彩鲜艳，以花卉和几何图案为主，专门应用于楼梯踢面、厨房灶台、厨房后挡板、壁炉边框、镜框、桌子或者橱柜台面等处，也经常应用于地面饰边装饰、墙面壁画装饰、水池装饰和门窗边框装饰等，由此形成一个五彩缤纷的彩色世界。

好莱坞电影场景与南加州好莱坞明星住宅常见西班牙殖民风格的建筑与室内设计；20 世纪初由美国著名建筑师弗兰克 · 劳埃德 · 赖特（Frank Lloyd Wright, 1867—1959）所创造的草原风格（Prairie Style）的室内、家具与灯具设计借鉴西班牙传教士风格的特征与元素；20 世纪早期盛行的邦格楼（Bungalow）住宅之风至今不衰。他们都对西班牙殖民风格的传播功不可没。

（2）人物

◆弗朗西斯科 · 戈雅（Francisco Goya, 1746—1828）。西班牙浪漫主义画家，1799 年被任命为宫廷首席画师。其一生的画风从鲜明、艳丽转为深沉、浑厚，是西方浪漫主义艺术的先驱。表现出西班牙民族英勇不屈的民族精神，被誉为“近代欧洲绘画从戈雅开始”。戈雅对于浪漫主义、印象派、表现主义和超现实主义影响深远。其代表作品包括《波塞尔夫人》（*Dona Isabel de Porcel*）、《1808 年 5 月 3 日》（*The Third of May 1808*）、《裸体的玛哈》（*The Nude Maja*）和《着衣的玛哈》（*The Clothed Maja*）。

◆弗朗西斯 · 委拉斯开兹（Diego Velazquez, 1599—1660）。西班牙伟大的现实主义画家，也是西班牙史上最伟大的肖像画大师。他擅长运用精准的光影、质感、形体和丰富的色彩来刻画人物的内心世界，是欧洲最伟大的画家之一，被印象派画家马奈誉为“画家中的画家”。其代表作品包括《教皇英诺森十世》（*Portrait of Pope Innocent X*）、《酒神》（*The Drinkers*）、《纺织女》（*The Needlewoman*）和《纺纱女》（*Las Hilanderas*）。

◆华金 · 索罗拉亚 · 巴斯蒂达（Joaquin Sorolla y Bastida, 1863—1923）。西班牙著名印象派画家，擅长人物和风景，也创作历史题材的大型油画。他与同时代的美国画家约翰 · 辛格 · 萨金特（John Singer Sargent, 1856—1925）和俄裔美国画家尼古拉 · 费欣（Nicolai Fechin, 1881—1955）并称为 19 世纪末三大艺术大师。其代表作品包括《沙滩漫步》（*Walk on the Beach*）、《瓦伦西亚海滩》（*Beach at Valencia*）、《卡斯蒂利亚牧人》（*The Castilian Herdsman*）和《拉莫塔城堡》（*Castle of La Mota*）。

◆ 巴斯蒂达的作品

2、建筑特征

（1）布局

西班牙殖民风格的居住建筑传承了西班牙传统围合型建筑布局的特征，建筑围合形成一个内庭院，四周布置拱形柱廊，内庭院的中心往往设置一个八角形、圆形或者其他对称图形的石砌水池，中间设立石雕喷泉。如果庭院空间有限也会靠墙设置一个墙喷泉。

（2）屋顶

赤褐色的赤陶筒瓦铺就的屋面以比较平缓的坡度向两边或者四边倾斜，屋檐出挑较浅，并将檩条显露出来。屋顶随建筑的高低错落而起伏变化，形成优美的曲线。高大的烟囱突出屋顶，表面同样为拉毛灰泥粉饰，顶部覆盖赤陶筒瓦。

（3）外墙

手工拉毛灰泥粉饰圆角外墙面，表面粉刷充满阳光与活力的浅暖色或者米色系，给人舒适的亲切感和饱满的厚重感。二层窗户常常安装所谓的“一步阳台”，即仅有一步宽度的装饰性铁艺或者木雕阳台，特别是在托梁部位，此阳台往往进行重点装饰，因而成为整幢建筑的视觉焦点。有时候没有阳台也会在窗台安装一个类似于阳台的装饰性铁艺小窗台。

（4）门窗

◆ 入户门

◆ 外窗

门廊、窗户和大门大多呈拱形，一层窗洞通常安装铁艺栅栏，二层窗洞小而密。实木深雕大门往往隐藏于一个带连续拱形门洞的宽敞门廊内，并且在大门的左右两侧安装锻铁壁灯。传统的入户大门通常采用厚木板制作，表面常见均匀分布的方锥形或者圆锥形铁钉。大门上方经常开有一个带铰链的视窗，表面覆盖一个装饰性的青铜门。大部分西班牙殖民风格的大门均为拱形镶嵌木门，表面形成许多镶板，并且饰以丰富的浮雕图案。

3、室内元素

（1）墙面

西班牙殖民风格住宅中常常出现固定式壁凳、独立式储物柜和蜂巢形墙角壁炉。其墙面装饰通常采用拉毛粉饰和灰泥粉饰，色彩通常为米白色、淡黄色和蜜黄色，但是也经常出现微妙的蓝色、深红色、深褐色或者深黄色。

表面带肌理效果的墙面是西班牙殖民风格的装饰特征之一。为了制造出理想的装饰效果，人们将聚合物与以水泥为主的灰泥混合起来，然后在此灰泥墙面的基础之上施以两层纯水性漆或者乳胶。

西班牙殖民风格墙面背景色调包括灰白色、杏黄色、暗红橙色和金色，它们与深色木作和装饰线条产生对比并丰富空间的深度，同时还与锻铁栏杆或扶手共同营造出浓郁的西班牙风情。注意避免应用任何壁纸。

（2）地面

西班牙殖民风格地面的铺贴材料以赤陶砖和镶木地板为主，天然矿石、岩石和瓷砖也经常被用于铺地，尽量保持地面铺贴材料的裸露；仅在局部区域应用波斯地毯（Persian Rug）或者源自于美国印第安原住民纳瓦霍族的纳瓦霍小块地毯（Navajo Rug）作色彩点缀。

（3）顶棚

西班牙殖民风格住宅顶棚裸露的深色平行木梁总是作为重点部位进行装饰，与米白色的墙面形成色彩对比。传统顶棚木梁经常饰以彩绘，并且往往在木梁的两端配置梁托。

（4）门窗

西班牙殖民风格窗户形状包括圆弧形、抛物线形、尖顶形和平拱形。窗户常采用实木百叶窗，并且应用彩色玻璃装饰窗户，最后在其外面安装铁艺栅栏。门与窗户的表面处理方式有：无油漆、擦褐色清漆，以及米色、褐色、苹果绿、深绿色、灰绿色、蓝绿色、紫蓝色、红棕色和亮黄色油漆。

西班牙殖民风格实木门上常常呈平行排列状均匀打上装饰金属钉，常见铁艺与实木相结合的室内、外门。室外门常常带有一个安装铁艺栅栏的小窗口。门窗的五金件和把手均采用手工锻铁打造。

（5）楼梯

◆ 直线楼梯

◆ 螺旋楼梯

采用彩绘花砖装饰楼梯踢面是西班牙殖民风格标志性的楼梯特征之一，踏面则通常覆盖以赤陶砖、实木板、旧地砖或者水泥面。

与欧洲其他国家喜欢实木栏杆的传统不同，典型的西班牙风格楼梯采用锻铁栏杆与锻铁扶手，并将这一传统带到了美洲大陆成为西班牙殖民风格栏杆的特色，与同一空间里的天然木作和赤陶砖形成鲜明的对比。

此外，西班牙殖民风格楼梯栏杆也常利用灰泥粉刷的实体墙，仅见锻铁扶手固定在相应高度的墙壁上。

（6）橱柜

西班牙殖民风格的橱柜表面通常采用擦褐色后清漆处理，吊柜通常选择玻璃门，让五颜六色的陶质餐具和调味瓶显示出来。地柜台面上铺贴的彩绘瓷砖才是其最大的魅力所在。

（7）五金

西班牙殖民风格常见蘑菇形把手，以及剪刀环形、长圆环形、圆环形和拱形拉手，材质通常采用黑色锻铁。

（8）壁炉

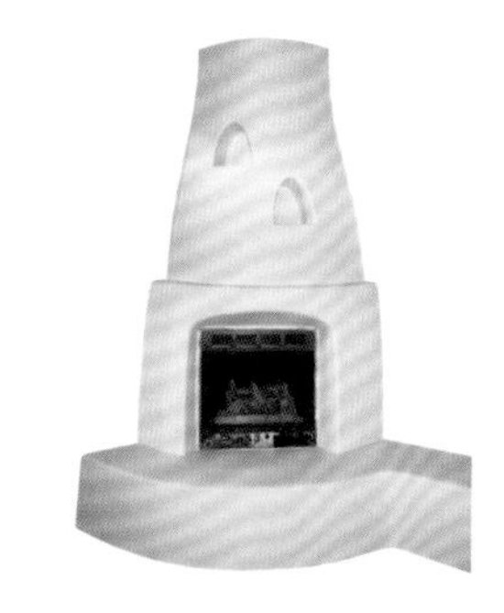

除了典型土坯砖砌筑的蜂巢形墙角壁炉，西班牙殖民风格家庭也常见宽大的灰泥粉饰壁炉，壁炉上往往会配上粗犷的原木壁炉架，或者是带有中世纪风格的木雕、石雕壁炉架，壁炉架上方通常有一个灰泥粉饰的梯形烟囱上升与顶棚接触。单片和三片壁炉罩一般采用纯铁艺打造，造型古朴大方。传统上在皮革上彩绘的壁炉罩用于夏天壁炉停用的时候。

（9）色彩

西班牙殖民风格因历史原因而带有深深的地中海烙印，但与南美洲印第安文化结合之后，开始注入当地自然的色调和明亮的图案。西班牙殖民风格的色彩围绕着冷色调的海岸色调和暖色调的乡村色调来展开，冷色调包括深海蓝色、宝石蓝绿色和亮白色；暖色调包含赤土棕色、土橘色和摩洛哥色调（如深蓝色与火红色）。

西班牙鲜艳而又单纯的色彩感来自于曾经统治过他们长达数百年的穆斯林文化，也来自于其民族本身热情与豪放的气质。红色与金色是其最钟爱的色彩，它们被广泛应用于织品、彩绘和家具装饰当中。

（10）图案

西班牙殖民风格的装饰图案一方面深受美洲印第安原住民传统图案的影响，比如印第安纳瓦霍部落（Navajo）小块地毯中频繁出现的几何形、锯齿形、螺旋形、月牙形、十字形和阶梯形等图案；另一方面又表现出浓厚的西班牙传统图案特色，例如西班牙卡塔莉娜瓷砖（Catalina Tile）中体现伊斯兰摩尔文化的几何形植物与花卉图案。除此之外，西班牙殖民风格的图案还经常用到植物（如花卉和树木）和动物（如松鼠、兔子、鹿、犰狳、鸽子、蜂鸟、鹈鹕、海鸥和鱼类）等，人物大多为舞者形象，以及象征宗教的十字架、贞女、圣徒和天使等。

4. 软装要素

（1）家具

文艺复兴时期的西班牙家具不仅受到北非摩尔人（Moorish）家具的影响，也受到意大利家具的影响颇深，而且也受到英式涂漆家具的影响并将此技术应用于红色与金色的高光泽家具之上。自711年以来，摩尔文化逐渐融入西班牙文化当中，不过西班牙家具仍然具有自己独树一帜的特性，虽然桌、椅腿比中世纪时期更苗条。文艺复兴时期的西班牙椅子大量应用了装饰性的横杆，其椅腿和扶手总是饰以雕刻，此特征一直延续至今。

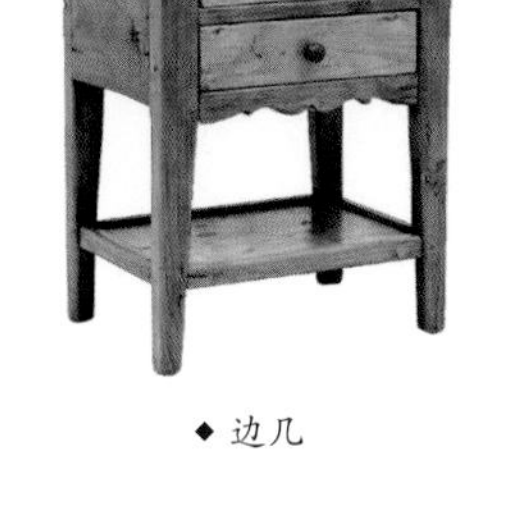

◆ 边几

传统的西班牙家具宽大、厚重且结实，深色的表面处理暗示其丰富多彩又充满欢乐的文化；同时还大量采用龟壳、牡蛎壳、象牙和金属等材料于木材上产生丰富的对比；除此之外，他们还常常运用金属薄皮来装饰桌、椅和柜子等。西班牙殖民时期的家具或者直接从西班牙进口，或者由当地木匠采用橡木或松木制作。家具特征包括镶嵌、雕刻和彩画等；结合皮革和钉头装饰的家具更为引人注目。

◆ 边几

源自于中世纪的储藏箱是西班牙家具的重要组成部分，它具有储藏和坐的双重功能，因此箱盖通常采用铁钉固定座套。

另一件重要的西班牙家具是称作瓦格诺（Vargueno）的装饰性书写柜，其翻盖式书桌是从更早的折叠式书桌发展而来。还有一件西班牙的代表性家具为称作帕帕罗拉（Papalera）的大型储藏柜，用于储藏银器、织品等，其侧面装有6~8个抽屉，正面饰以彩绘、镶嵌和雕刻，低矮的柜脚呈圆形或者梨形。

西班牙殖民时期的家具式样基本传承自西班牙家具，但也表现出自己的特色。其式样简单、实用、牢固，主要采用橡木制作，装饰很少，方形榫头经常外露以体现乡村感。常常出现实木与皮革的搭配，或实木与铁艺的搭配，特别是用铁斜撑桌腿或者椅腿，以及固定框架与皮革的成排钉头均为西班牙殖民风格家具的标志性特征。

西班牙殖民风格椅腿截面呈宽大而扁平的方形，椅背高耸而宽阔。很多西班牙殖民风格家具被漆成鲜明的色彩，但是大多数家具均擦深褐色后清漆。手工雕刻家具包括衣橱、餐边柜、化妆台和餐桌等，厚重的箱盖或者柜门是其外观特征。宽大、笨重的四柱床通常饰以华盖，采用木质或者铁艺床头板。

◆ 边几

◆ 餐边柜

◆ 餐椅

◆ 餐椅

◆ 扶手椅

◆ 扶手椅

◆ 扶手椅

◆ 餐桌

◆ 餐桌
◆ 靠墙台桌
◆ 咖啡桌
◆ 储藏箱
◆ 床具
◆ 床头柜
◆ 储藏箱
◆ 床具
◆ 储藏箱
◆ 床具
◆ 瓷器柜

◆ 交叉凳

◆ 角柜

◆ 沙发

◆ 高背长靠椅

◆ 沙发桌

◆ 书桌

◆ 衣柜

◆ 长凳

（2）灯饰

虽然西班牙殖民风格锻铁灯饰与意大利托斯卡纳风格锻铁灯饰的外观很容易被混淆，但西班牙殖民风格锻铁灯具的主要特征包括：①灯具较少配置灯罩；②多选用蜡烛造型灯泡；③常出现如王冠或者车轮般的单层或者多层环形叠加；④铁环用4~6根斜杆或者链条悬挂；⑤锻铁表面常现铁锈痕迹；⑥常见源自于北非摩洛哥的灯笼形吊灯；⑦台灯基座常用锻铁打造。

传统上西班牙殖民风格灯饰应用锻铁、黄铜或者紫铜来打造枝形吊灯和壁灯。锻铁环形吊灯悬挂在餐桌的正上方和门厅正中央；锻铁灯笼形吊灯用于走道或者门厅；锻铁壁灯用于任何需要光线的地方，特别是餐厅；锻铁枝形大烛台通常被安放在壁炉架的正中央。带有北非摩尔人特色的冲压四瓣花透孔钢板常见于吊灯和台灯灯罩。

西班牙殖民风格灯饰总让人联想起阴森森的中世纪教堂。为了营造出“旧世界”的气氛，室内灯具照度总体偏暗，这也使得那些本来就浓重的色彩显得更加浓烈、厚重。

◆ 环形吊灯

◆ 壁灯

◆ 环形吊灯

◆ 壁灯

◆ 环形吊灯

◆ 桌台灯

◆ 地台灯

（3）窗饰

西班牙殖民风格的窗户通常采用白色或者单色亚麻布或平纹细布做窗帘，与木质百叶窗搭配使用，并且会采用西班牙人特别喜爱的垂花饰装饰帷幔。金黄色的窗帘面料让金属感的光线散布在墙面与地面，也让橙色或者红色的墙面更显饱满和醒目。锻铁或者实木窗帘杆通常毫不起眼。

西班牙殖民风格的窗帘布料喜欢运用反映大地色调和西班牙色调的色彩，如呈褐色调的橙色、深黄色、巧克力棕色和红棕色等。如果希望房间白天更明亮些，可以采用白色或者浅棕色等色彩。

◆ 窗帘

◆ 靠枕

（4）床饰

西班牙殖民风格床品比意大利托斯卡纳风格床品显得更加富贵、豪华，大多为浅金黄色和米黄色的棉布、丝绸、浮花织锦或者马特拉塞凸纹布（Matelasse），有着十分华丽的绳边处理，床裙饰以传统的褶皱裙摆，织品上的花纹图形往往与其铁艺花纹图形取得一致。

（5）靠枕

受西班牙巴洛克风格影响的浮花织锦以深红色、蓝色和黄色衬托金黄色的华丽图案，常常应用于沙发和椅子的座套，色彩鲜艳夺目的靠枕带有墨西哥或者西部风情的图案，边缘一般均饰以流苏；如果靠枕采用纳瓦霍编织品作为面料则通常没有流苏。

（6）地毯

因为历史缘故，西班牙殖民风格喜用波斯地毯（Persian Rug），以及源自于美国印第安原住民纳瓦霍族的纳瓦霍小块地毯（Navajo Rug）。纳瓦霍小块地毯也常常挂在墙上用作壁毯，或者铺在桌上用作桌布，又或者铺在床上作为床罩使用。

萨波特克是聚居在墨西哥的另一个印第安民族，由他们手工编织的萨波特克地毯（Zapotec Rug）也是西班牙殖民风格常用的地毯之一。

◆ 印第安编织地毯

◆ 印第安编织地毯

◆ 地毯

（7）墙饰

西班牙殖民风格的墙饰没有意大利托斯卡纳风格那么丰富，其墙饰主要包括编织饰品、饰以金叶的雕刻木质油画框、锻铁铁花和锻铁镜框等。采用锻铁窗帘杆悬挂的壁毯常用于装饰沙发或者床头板上方的墙面，或者悬挂于壁炉架的正上方。

西班牙殖民风格的镜框通常采用金属框架，基本呈正方形和长方形，双层金属边框内镶嵌彩绘瓷砖是其主要特色。

装嵌在宽边实木画框内的油画内容常以地中海风土人情、生活静物、自然肌理或者“旧世界”题材为主题，色彩包含象牙白、黄赭色、绿色、深红色和赤褐色等。由于天主教对西班牙人和南美人的影响深远，因此在西班牙殖民风格中出现与天主教有关的绘画和雕塑是家庭装饰的一大要素，例如木质或者金属壁挂十字架形。

◆ 金属雕塑

◆ 陶雕塑

◆ 镜框

◆ 镜框

◆ 金属雕塑

◆ 装饰画

◆ 装饰画

（8）桌饰

西班牙殖民风格饰品包括深具墨西哥文化特色、色彩斑斓的陶瓷壶、玻璃或者陶瓷花瓶，以及大型赤土陶器等。陶制和铁艺烛台往往尺度较大，表面会有明显的做旧痕迹，摆放在桌面或者台面之上。其中铁艺烛台往往呈平面状像树枝形左右对称向上延伸。

大约于 16 世纪传自西班牙的墨西哥塔拉韦拉（Talavera）彩绘陶器色彩鲜艳，表面绘以花卉、动物和几何形图案，在西班牙称之为“马略尔卡陶器”（Majolica）。塔拉韦拉彩绘陶器不仅是生活用品，也是西班牙殖民风格常用于桌面和墙面的装饰品，它们包括盆、碗、盘、壶、罐、瓶、杯和片等形制。

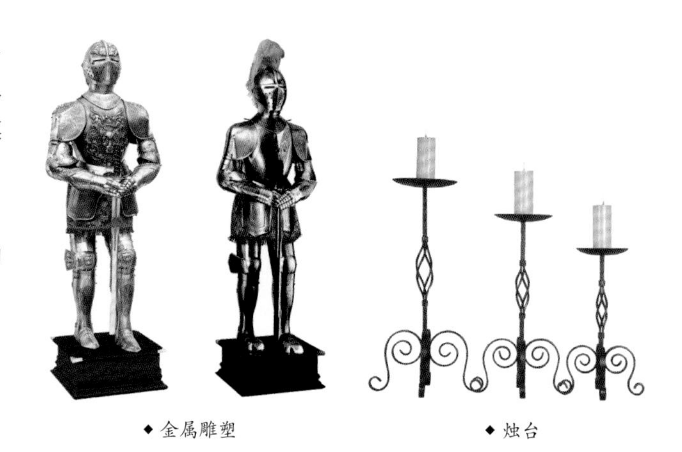

◆ 金属雕塑　◆ 烛台

这是一个普遍信仰天主教的地区，因此桌饰主题多少与此有关。传统木雕表面彩绘是殖民时期人们寄托精神的一种方式，木雕内容通常与天主教有关。圆柱形玻璃罐的金属盖往往出现十字架或者鸢尾花造型。银色木质相框的表面充满精致的浅浮雕，相框内容也常常以宗教人物为主题。

西班牙殖民风格家庭并不过度应用饰品，强调重点，适可而止。房间里布置一些装满橄榄或者辣椒的玻璃瓶便暗示着这是一个热爱传统美食和烹饪的民族。

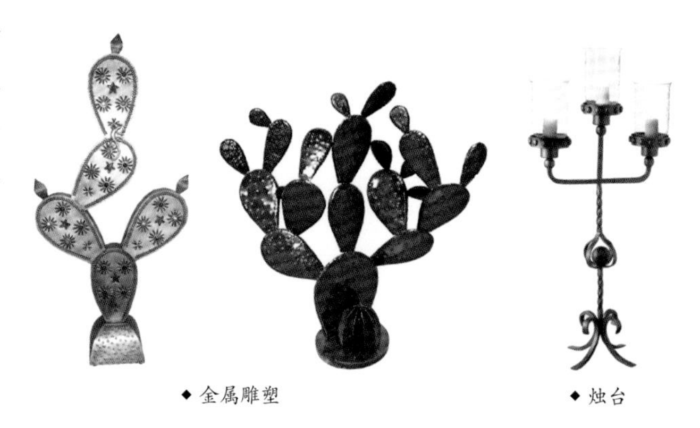

◆ 金属雕塑　◆ 烛台

◆ 陶器

◆ 陶器　◆ 陶托盘

（9）花艺

西班牙殖民风格常用人工绿植或者深红色干燥花来装饰室内空间，包括美洲仙人掌类或者蕨类植物，除此之外也常用到盆栽自然花卉和绿植。绿植有助于软化金属、铁艺和墙面肌理，而花卉则与其他鲜艳色彩取得协调与呼应。作为西班牙国花的石榴花也常见于西班牙殖民风格的家庭当中。

摆放在地上的大型陶制花瓶插上几支粗大的干燥花是西班牙殖民风格对于门厅、厨房和浴室的重要装饰手段。有时候仅仅在角落摆放一只别致的大花瓶或者陶罐就足够让人过目难忘。

◆ 花艺

（10）餐饰

色彩鲜艳的西班牙殖民风格陶制餐具配上同样浓艳的餐巾，包括墙面的醒目色彩，绝对让人对其餐厅过目不忘，也与其餐盘中五彩斑斓的南美食品相互衬托、相得益彰。对于较长的餐桌，正中央常摆放一盆色彩丰富的干燥花或者水果，或者只是一只彩色陶罐，同时在其下面铺上一条往往不够桌长的桌巾；不过西班牙殖民风格的餐桌上很少出现桌布。

葡萄酒文化从西班牙移植到了美洲，西班牙殖民风格的葡萄酒杯比较厚实、粗大，并且在其边沿、立柱和底座部分往往出现蓝紫色调。相对于现代不锈钢刀叉，南美人似乎更喜欢使用传统的银质刀叉（注意刀锋朝内）。

◆ 银杯

◆ 银器　◆ 酒杯

◆ 陶碗　◆ 陶盘

◆ 酒杯

第七章 | chapter 7

美国西部乡村风格

Western Rustic Style

1、起源简介

（1）背景

1803 年：美国从拿破仑一世手中购得美国中部地区（路易丝安纳州）。

1846—1848 年：美墨战争，美国获得西部及西南大片土地（包括德克萨斯州、亚利桑那州、加利福尼亚州、内华达州和新墨西哥州）。

1861—1862 年：美国东西部地区通信靠驿马快递骑士。

1869 年：横贯美国大陆的铁路全线通车。

1870—1880 年：西部警长与强盗的年代。

1887—1892 年：美国西部大开发。

一提到“西部”这个词，很多人的脑海中立刻就会浮现出一幅这样的景象：马背上驰骋的牛仔、广阔无垠的草地、连绵起伏的山峦、高大的山杨、涓涓的溪流和各种野生动植物，带给人们无限的遐想和憧憬，也给人们留下自然、粗犷与自给自足的深刻印象。

美国西部乡村家具是美国文化遗产的组成部分，它与西部电影、西部小说、西部音乐、西部排舞和牛仔竞技表演一道成为美国人精神的象征。西部代表着怀旧的时光，长达半个世纪的牛仔、牧牛、边界小镇和金矿，那些西部电影中的传奇故事和异域场景让无数人为之着迷并向往，英雄、歹徒和西部移民的形象历历在目，美国西部乡村（American Western Rustic）风格给人们提供了这样一个向西部文化遗产表达敬意和展现崇拜的机会。

美国西部乡村风格源自于西部古老的牛牧场，流行于 20 世纪 40 年代的度假牧场和现代绅士牧场对于美国西部乡村风格名扬天下功不可没，这种房屋的式样看起来年代久远，每一座房屋都通过展示纪念品和艺术品对古老传统和旧西部浪漫史表达着深深的敬意。

另一个对推广西部乡村风格功不可没的方面包括 20 世纪 50 年代电视媒体的问世和电影产业的兴盛，一时之间人们对于来自西部的所有物品均充满好奇、趋之若鹜。这是一种关于行动、勇敢、付出与享受的生活方式，也是一段关于历史、遗产、男人粗野与女人狂放的怀旧时光。

由于历史原因，美国西部乡村风格同样受到来自于最早可追溯到 15—16 世纪由西班牙征服者带来的西班牙传教区（Mission）文化的影响，它们反映在赤陶瓦、内院、拱形门洞、灰泥墙壁和锻铁装饰等方面。此外，西部乡村风格也受到

◆ 西部开拓者的居住区

◆ 西部开拓者的小木屋

来自于乡村(Rustic)、印第安部落(Indian Tribe)和墨西哥(Mexican)文化的影响，不过，不同文化的交融本身就是美国历史的重要组成部分。

西部地区室内装饰艺术中的印第安文化元素主要取材于以居住在圆锥形帐篷（Tepee）或者泥盖木屋（Hogan）里的草原印第安人（Plains Indians），其中以美国最大部落的纳瓦霍人(Navajo)为代表。纳瓦霍人是逐水草而居的游牧民族，其传统的手工艺品为色彩鲜艳的羊毛地毯和彩绘陶器。

越旧越好几乎是美国西部乡村风格装饰的座右铭，任何能够勾起人们对开发大西部回忆的旧物品都是装饰的最佳选择：怀旧的破裂牛皮软垫搁脚凳、褪色的农场器具、旧印第安毛毯……人们希望通过目睹旧物来寄托对西部文化的永恒怀念，同时也感念西部先驱者们英勇无畏的开拓精神。

美国西部乡村风格具有三大构成要素——木材、金属与石材，它们共同搭建成一个舒适而又放松的居住环境。金属包括锻铁、铸铁和锻紫铜，它们与实木结合产生独特而丰富的肌理效果。美国西部乡村风格的色彩和材料使得它能够与其他装饰风格融为一体，一件鹿角饰品和鹿角吊灯已经包含了许多迷人的传说，把人们的思绪带入到那个遥远而神秘的西部。

工匠们运用当地盛产的石材、原木、铁器和兽皮等创造出独一无二的艺术品。美国西部乡村风格所具有的独特娱乐空间总能激发人们起舞的冲动，办公室和书房也会合二为一变成台球室。室外飘来阵阵诱人的烤肉香味，人们坐在前廊欣赏着落日余晖，这正是西部乡村生活的魅力所在。

打造美国西部乡村风格并非仅仅是为了简单地再现或者复制传统，更重要的是实现一种怀旧体验，表达一种对于西部牛仔（Cowboy）和印第安文化（Native American）的景仰和敬意。自上个世纪30年代起，这一趋势就从未有过减弱。不能遗忘的是美国印第安原住民部落文化对于美国西部乡村风格的贡献，从毛毯到陶器，还有很多丰富多彩的印第安部落文化留给我们无尽的想象。

西部乡村风格拥有多种主题可供选择，它们主要为：①西部收藏——围绕牛仔齿轮（如马刺和火器）、带刺铁丝网或者箭镞收藏等，以及相关的纪念品；②马与骑手——围绕骏马的饰品包括马蹄铁制作的柴架、书挡、镇纸和相框等，马嚼和缰绳通常挂在墙壁上，鞍褥制作的沙发罩、马槽和铸铁泵等；③四轮马车——围绕车轮而开发出的家具和灯具等；④牛仔房——围绕双层床、晾衣夹和木板家具等，牧牛和金矿地图挂在墙上，反映西部风景的绿色、褐色和米黄色等；⑤银幕英雄——围绕西部电影中塑造的西部英雄，如罗伊·罗杰斯（Roy Rogers）、吉恩·奥特里（Gene Autry）和汤姆·米克斯（Tom Mix）等，印有他们形象的海报、戏服、毛毯和午餐盒等；⑥西部艺术——围绕描写西部风情的雕塑、绘画和摄影等，以及印在窗帘和床罩上的著名西部景象；⑦西部起源——围绕从书籍中描述的西部历史和物产去收集纪念品；⑧西部原

◆ 印第安人的帐篷

貌——围绕仙人掌、郊狼、松树、鹿、熊和麋鹿等西部动植物形象。

今天的美国西部乡村风格已经发展出两个方向：更趋向于现代感或者更倾向于原始感。有人仅仅把一间房子布置成西部乡村风格（常见于儿童房或者家庭酒吧），也有人把整个家庭装饰成西部乡村风格。值得一提的是，美国西部乡村风格特别适合于装饰度假小木屋或者度假别墅，让人们告别现代社会，尽情投入大自然的怀抱。

（2）人物

◆美国艺术家弗雷德里克·雷明顿(Frederic Remington, 1861—1909）。美国西部画家、插图画家、雕塑家和作家，擅长于描写美国旧西部风情，特别是 19 世纪末的美国西部风光、牛仔、美国印第安原住民和美国骑兵的形象。雷明顿标志性的牛仔青铜雕像是西部乡村风格代表性的饰品之一。其代表作品包括《黑脚族主战派的凯旋》（*Return of the Blackfoot War Party*）、《最后一站》（*In His Last Stand*）和《野马克星》（*The Broncho Buster*）。

◆查尔斯·马里昂·罗素（Charles Marion Russell, 1864—1926）。美国旧西部艺术家、短篇小说家和作家，其作品主题涵盖了牛仔、印第安人和西部风景，被称之为“牛仔艺术家”。其壁画《刘易斯和克拉克与印第安人会面》（*Lewis and Clark Meeting the Flathead Indians*）悬挂在蒙大拿州议会大厦。代表作品包括《（印第安）皮根人》（*Piegans*）、《野马猎手》（*Wild Horse Hunters*）和《当大地属于上帝》（*When The Land Belonged to God*）。

◆佛瑞德·哈曼（Fred Harman, 1902—1982）。美国西部艺术家，因连续创作 25 年的连环画《红色游骑兵》（*Red Ryder*）一炮而红而闻名于世，因此衍生出一系列相关产品，包括图书、小说、广播和产品等。在将连环画交与助手之后，哈曼专注于创作，于 1965 年成为美国牛仔艺术家协会首批成员，并成为印第安纳瓦霍族部落的永久客人。

◆霍华德·特普宁（Howard Terpning, 1927—）。美国最受称赞的西部画家。因参加过越南战争而对平民怀有特殊的同情，战后专注于描绘那些勤劳勇敢、热情奔放的印第安人，被誉为西部艺术的生活大师。代表作品包括《大自然的力量教训了所有人》（*The Force of Nature Humbles All Men*）、《高原》（*High Country*）、《首领》（*Leader of Men*）、《草原骑士》（*Prairie Knights*）和《粗心意味着灾难》（*When Careless Spelled Disaster*）。

◆乔·尼尔·比勒（Joe Neil Beeler, 1931—2006）。美国西部艺术插图画家、艺术家和雕塑家。1965 年与西部牛仔艺术家查理·戴（Charlie Dye, 1906—1972）、约翰·韦德·汉普顿（John Wade Hampton, 1918—1999）和乔治·菲朋（George Phippen, 1915-1966）一起成立美国牛仔艺术家协会（Cowboy Artists of America）。其代表作品包括《感谢雨》（*Thanks for the Rain*）和《夜曲》（*Night Song*）。

◆约翰·韦德·汉普顿（John Wade Hampton, 1918—1999）。美国西部牛仔艺术家，一生创作大量反映真实传统西部牛仔生活的绘画与雕塑。其作品总是让人想起遥远而荒芜的西部，但是却让人感到一股温暖在心头。

◆ 雷明顿的作品

2、建筑特征

（1）布局

西部乡村风格的居住建筑基本采用长方形布局，平面随房屋面积的增加而变得复杂。建筑的基础和底座均采用石材砌筑，包括原木柱基也如此。作为度假木屋，房屋通常建造于靠近大自然的环境里，因此周边无需任何花园或者庭院，所有门窗均面向森林或者湖泊敞开。

（2）屋顶

乡村风格的屋顶大多呈 30~45 度斜坡。屋顶没有采用传统的黏土瓦，而是采用波纹镀锡白铁皮、耐腐蚀钢板、铝板或者木瓦，此外还有廉价的油毡屋面。事实上，人们选择白铁皮或者钢板正是因为它会随时间而生锈，制造出乡村风格特有的粗犷美和陈旧感。屋檐挑出较深，露出粗大的木梁和檩条。除了粗大的石砌烟囱之外，预制的成品钢管烟囱也常见于西部乡村风格的屋顶之上。

（3）外墙

典型的西部乡村风格房屋外墙采用横放的原木或者竖立的木板来建造，局部选用石材砌筑烟囱、建筑基础和底座，以及入口门廊部分。外墙还常见混合使用表面粗糙的木质护墙板、竖立木板外墙以及石砌底座的情况。

（4）门窗

长方形或正方形的窗户往往安装一个简单的木质窗框，此外基本没有其他装饰。入户大门通常带有一个原木或者木板搭建的门廊或者雨棚。采用双坡屋顶的门廊经常伸出很远，并且带有两行木柱，而雨棚则为单坡屋顶的棚架。粗大的实木大门表面常见浮雕，浮雕内容以西部动植物为主题。

3. 室内元素

（1）墙面

西部乡村风格墙面常常饰以未经加工过的松木板条，木板之间往往留有 10cm 左右不规则的间距；或者只是用灰白色粉饰墙面。在壁炉所在的墙面通常保留石砌墙体粗犷的石材肌理，与同样粗犷的松木板条或者粉饰墙面呼应。就算无法铺满整个墙面，西部乡村风格至少也会选择在重要墙面（如壁炉墙面或者沙发背景墙的局部）采用石材铺贴。

作为西部乡村风格背景的灰泥粉饰墙面，主要通过仿真墙绘技法来模拟石材、铜锈、皮革或者麂皮来达到陈旧和磨损的肌理效果，这为之后悬挂或者粘贴一些象征着西部文化的墙饰提供了绝佳的展示背景，那些墙饰包括绳套索、烙铁、马镫、松果、孔雀羽毛，以及以牛仔、印第安人、沙漠日落、山景、牧场、公牛和骏马为主题的带框画作。

（2）地面

西部乡村风格地面铺贴材料包括实木地板与石板，并且会通过强化木板的纹路来强调其粗犷的肌理效果，而石板地面则通过加大填缝宽度和刻意突出的毛边处理来强调粗糙的视觉感受。在关键区域（如咖啡桌下面或者床前）通常铺上美国印第安原住民纳瓦霍族的纳瓦霍羊毛地毯（Navajo Rug），或者是带有熊、鹿与马图案的小块现代地毯。

（3）顶棚

西部乡村风格的原木平行梁和立柱粗笨，并且保持原有形态，表面常常保留其原有的自然纹理，或者只是进行亚光处理。还有一种顶棚是不留间隙铺满木板的，来模仿小木屋的顶棚处理方式，也十分具有西部乡村特色。

（4）门窗

◆ 木门

西部乡村风格的门、窗与美式田园风格的门、窗相似，但是前者的尺寸通常比后者更大，而且会刻意保留和突出其木板身上原有的松木巴结和肌理，表面打磨后仅作清漆处理。

西部乡村风格室内、外木门的表面经常饰以熊或者麋鹿形象的浅浮雕，并且饰以黑色锻铁五金件，更加增添乡村粗犷的气质。

（5）楼梯

◆ 直线楼梯

◆ 螺旋楼梯

西部乡村风格的楼梯必须是用西部当代盛产的材料来建造，比如石材或者木材，特别是那种带自然疤痕或树节的原木。大部分情况下，楼梯由松木制作，表面仅作保护性清漆处理。楼梯的材料选择决定了楼梯所表现的最终效果：旧房屋拆下来的木材适合于打造“旧西部”（Old West）；带巴结和伤痕的木材适合于制造特殊的乡村效果；经过喷沙处理过的楼梯具有独特的魅力。

西部乡村风格楼梯最有特色的部分莫过于用原木制成的栏杆，如果采用原木并且带有自然树枝的效果最好，其表面仅作保护性清漆处理。原木扶手搭配黑色的锻铁栏杆会更富乡村特色。

（6）橱柜

西部乡村风格的橱柜粗犷、朴实，粗加工的柜体和柜门表面经过擦浅褐色后清漆或者只用清漆处理，显露出木纹和巴结的自然肌理。吊柜采用实心镶板门，地柜台面大多采用麻灰色的石材或者大理石。

（7）五金

西部乡村风格的把手常见马蹄铁、牛仔（五角）星等造型，以及圆环形、头巾形或者树枝形拉手。其材质通常采用黑色锻铁。

（8）壁炉

石材几乎是西部乡村风格壁炉的惟一选择，也是西部乡村风格的象征符号之一。无论是选用河石还是板石，只要围绕壁炉贴上一圈立刻就能散发出乡村的气息。壁炉架台板通常是一整块横贯壁炉的厚厚原木板，并且最好保留木材本来的天然特征，如裂纹、疤结和树皮等。单片黑色锻铁壁炉罩是石砌壁炉的最佳搭档。

（9）色彩

西部乡村风格色彩反映了当地的自然环境特点，它们包括来自于大自然的森林、岩石和土地，也包括灰色、米黄色岩石和原木色，象牙白的墙面时常点缀以深红色或者赤褐色。西部乡村风格色彩受西班牙殖民风格（Spanish Colonial）与墨西哥（Mexican）文化的影响颇深，同样浓烈而鲜明，如鲜红色、蓝色与绿色。

西部乡村色彩总是围绕着浅褐色的原木、灰色的石头和黑色的金属来展开，其组合常以褐色（代表木材）与黑色（代表铁器）为主色调，以暖色调作为点缀，如红色的黏土砖、红棕色的赤陶砖、森林绿色和海蓝色等；为了与乡村织物、地毯、墙饰等紧密结合，也会用到淡黄色和灰色等。

（10）图案

典型的西部乡村风格图案包括牛仔、公牛、鹿、熊、麋鹿、捕鱼、鲑鱼、群山、松树、树叶、橡树、松果、橡果、骏马、湖泊、河流、骑马、狩猎、野花和草地等。反映印第安传统文化的标志性图案包括纳瓦霍（Navajo）编织印花图案和两头翘起的印第安独木舟（Canoe）。随处可见的图案还包括反映西部自然界特有的物产（如仙人掌和郊狼等）。

4.软装要素

（1）家具

西部乡村风格家具包含了以早期开发西部牛仔为代表的原木家具和以现代悠闲度假生活为原型的金属加皮革家具两类。前者粗犷而朴实，后者高贵而优雅，这两者的巧妙结合（注意不要按 5：5 的比例搭配）将带来一段道不尽的故事。

原木家具是美国西部乡村风格的标志性符号之一，它们包括桌子、床和日式沙发床等，不仅美观，而且牢固实用，有些家具饰以鹿角更具乡村情调。西部乡村家具常常会采用皮革结合木材与金属，特别应用于沙发和椅子。混合的家具式样从皮革到编织面料沙发，特别是那种保留有动物鬃毛的皮革更有西部的原始感觉。

粗切割的原木床具和沙发框架，造型简单，带节瘤的的松木、桦木或者杉木餐桌椅都是西部乡村风格家庭的最佳选择。典型的西部乡村家具包括双层床、餐桌、直背椅和粗削碗柜，它们都是牛仔时代为匆匆过客所备工棚里仅有的家具种类。

另一方面，西部乡村家具也反映了当年孤独的牧牛工在寂静的夜晚用手工创造的美。应用当地盛产的西黄松、牛皮、牛角和马蹄铁，精心打造出每一件都不相同的家具。

◆ 马鞍凳　◆ 兽皮凳　◆ 树桩凳

◆ 吧台凳　◆ 条凳

◆ 餐椅

◆ 扶手椅

◆ 边几

◆ 沙发桌

◆ 沙发

◆ 床头柜

◆餐桌

◆餐桌

◆咖啡桌

◆抽屉柜

◆储藏箱

◆床具

（2）灯饰

西部乡村风格的灯饰离不开牛仔和西部主题，例如马蹄铁、竞技、马刺、公牛和野马等形象，它们通常出现于灯罩和基座上面。西部乡村风格喜欢选择锻铁吊灯或者原木基座的台灯，常见绘以自然风光或者饰以西部特有动物（如熊和鹿）图案的生牛皮灯罩或者羊皮灯罩。

除了西部乡村风格灯饰中极具标志性的穿孔马口铁灯具、鹿角灯具以及车轮灯具（利用西部大开发时期常用的马车铁轮）以外，原木灯具象征着西部乡村独有的质朴与原始，它们包括顶棚灯具、落地灯具、桌上灯具和壁灯。原木灯具是原木屋的最佳搭配，通常取材自松木、香柏木、桦木和云杉木；其原木的自然形态与色调与碎呢地毯和原木家具一起营造出完整的乡村氛围。

取名自美国独立战争时期的英雄人物——保罗·里维尔（Paul Revere, 1734—1818）的保罗·里维尔灯笼造型别致，成为西部乡村风格灯饰当中的一盏代表性的灯饰。

◆ 保罗·里维尔灯笼

◆ 车轮吊灯

◆ 吊灯

◆ 鹿角吊灯

◆ 壁灯

◆壁灯　◆桌台灯

◆桌台灯

◆地台灯

（3）窗饰

西部乡村风格窗户装饰常见黑色水牛图案的格子呢帷幔，材质多半为羊毛或者法兰绒。红白格子布料常用于帷幔、侧板和半截帘。天然色、褐色的粗麻布帷幔或者侧板体现出西部乡村的粗犷风情，同时用粗线或者麻线代替束带，对折的印花大手帕像牛仔围巾般可以充当窗帘束带。窗帘帘头式样包括吊带式、穿槽式或者缩褶式，窗帘杆材料以原木或者铁艺为主。

在所有软装要素里面，布艺是受美国印第安原住民部落文化影响最大的部分。采用皮革或者麂皮绒制作的帷帘常常饰以串珠或者皮质流苏。布料帷帘色彩丰富，通常出现森林景色、重复的动物、乡村生活或者野花等图案。

◆窗帘

◆床品

（4）床饰

西部乡村风格的布料根植于其传统的棉纺织业，例如平纹细布和法兰绒等，以白棉布、格子布、羊毛花呢和彩格呢为主，它们主要应用于床罩和枕套等。

反映西部牛仔文化的织品以牛仔布（斜纹粗棉布）为代表，可以应用于几乎任何布艺面料。西部乡村风格的床品以不具备明确意义的几何图案、条纹和格子为主，也经常出现五角星、树林、麋鹿、狼、熊和马等图案。

手工编织的羊毛毛毯在西部乡村风格床饰当中具有重要地位，这种毛毯图案类似于纳瓦霍羊毛地毯，但是尺寸更小也更轻薄，适合于作为床罩铺在床上。还有一种手工缝制的拼缝被子也常用作西部乡村风格的床罩，图案内容以印第安人、树林、麋鹿、熊掌、野鸭、鲑鱼和印第安人独木舟等图形为主。

（5）靠枕

运用马皮和牛皮制做靠枕面料是西部乡村风格的标志性特征之一。马皮靠枕总是采用细长的牛皮条将几种深浅不同的马皮拼接出简单的几何图案。牛皮靠枕的边缘通常饰以用牛皮剪成的长条流苏，中间运用刻花和压花工艺描绘出几何、植物或者花卉图案。此外，也采用柔软的绳绒线结合带图案的织锦来编织靠枕套，或者压花牛皮与棉布的结合，或者麂皮与马皮的结合，或者牛皮与牛仔布的结合，又或者压花牛皮与绳绒线的结合等。偶尔会出现银质装饰性环扣。

◆ 靠枕

（6）地毯

西部乡村风格常用美国最大的印第安部落纳瓦霍族手工编织的纳瓦霍羊毛地毯（Navajo Rug），它们以几何形图案为主。此外，西部乡村风格室内装饰也会使用带有熊、鹿与马等图案的小块现代机织地毯。

手工编织的碎呢地毯（Braided Rag Rug）是西部乡村风格中独具特色的一种地毯，通常为椭圆形或者圆形，编织图案内容以野马、树林、牛仔、五角星、麋鹿和浣熊为主。

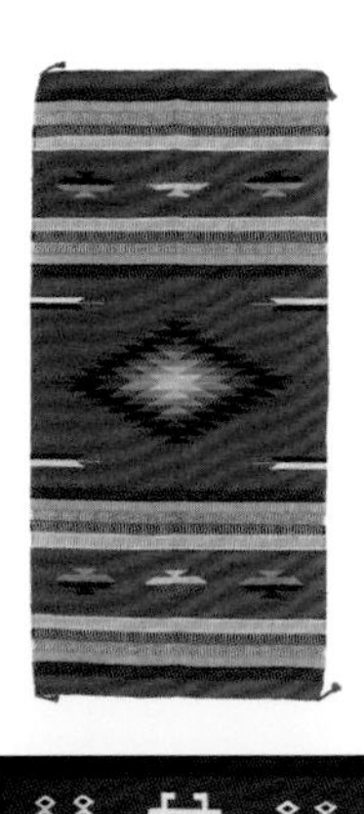

◆ 地毯

（7）墙饰

西部乡村风格的饰品总是围绕着西部特有的传奇故事而展开，比如牛仔帽、鞍褥、马灯、马蹄铁、马鞭和马鞍等，还有当年使用的工具，如烙铁、铁匠工具和枪械等。值得特别注意的是，西部乡村风格并不会漫无目的地堆砌饰品，只是将具有意义的物品在墙面上展示出来。

传统用品常常讲述着某个故事，例如箭头或者柯尔特手枪，并且在其旁边要贴上相关的照片表明出处。这些传统用品还包括狂欢节用品、古董枪械、印第安手工艺品、磨石、篮筐、马口铁香料和咖啡罐、不成套银器、旧明信片、国家公园大事记、活页乐谱、涂锡厨房用具和工具等，都是西部乡村风格墙饰的最佳选择。

牛仔是西部乡村风格的重要符号，一顶牛仔帽挂在客厅或者餐厅的墙面上能够立刻感受到西部的精神；或者是一根套马索本身就意味着西部文化的一部分。墙面画框内常见以“野蛮西部”为主题的绘画，比如山峦、牛仔、野马和麋鹿等。木质镜框表面常常包裹马皮，或者在镜框上装饰牛角、鹿角和马蹄铁等。

◆ 来复枪

◆ 左轮手枪

◆ 竞技绳

◆ 马车轮

◆ 牛仔帽

◆ 镜框

◆ 镜框

◆ 马蹄铁

◆ 马灯

◆ 铁艺

◆ 鹿角挂钩

◆ 装饰画

◆ 装饰画

（8）桌饰

西部乡村风格桌上最常见的陶器源自于印第安人世世代代传承下来的生活必需品，无论是用于储藏食物，还是用于插花，这些陶器数百年来已经与来自西班牙的殖民文化融为一体，在西部乡村风格室内装饰中扮演着举足轻重的角色。

源自印第安文化的木制餐具（碗、托盘或者盆）与手编篮筐都是西部乡村风格家庭当中极具特色的桌饰。与西部牛仔文化息息相关的牛仔靴、马灯也是西部乡村风格家庭当中不可缺少的桌饰之一。烛台材质包括陶器、金属、铁艺、玻璃、木质和树脂等，常常出现五角星、刺铁丝、松树、牛仔、野马、马蹄铁、鹿角等图形。

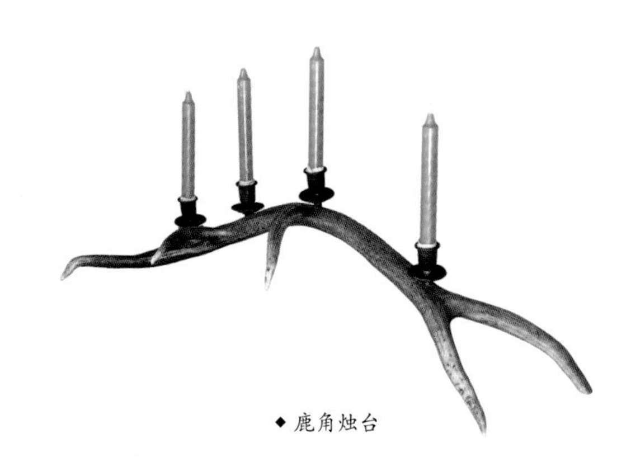

◆ 鹿角烛台

◆ 桌灯笼

◆ 铜雕塑

◆ 相框

◆ 纳瓦霍陶罐

（9）花艺

由于自然气候环境的影响，西部乡村风格的室内空间中很少出现鲜花，但是干燥花或者人造绿植被广泛应用于家庭的每个空间，象征西部特色的仙人掌类和蕨类植物也很常见。

虽然很少出现鲜花，不过在选择花卉的时候，尽量选择色彩浓烈的深红色花卉。西部乡村风格的花器材质以陶器为主，也常利用其他物品作为花器，如牛奶罐、洒水壶、小木箱、手编篮筐和小铁桶等。

（10）餐饰

西部乡村风格的餐桌上尽量选择没有图案的单色餐盘，搭配的酒杯也不一定是标准的葡萄酒杯，很多时候更像是用来喝啤酒或者饮料的大玻璃杯，有时候甚至使用大口径的玻璃瓶，让美食增添一份乡村的滋味。通常在餐盘的左侧放叉子，右侧摆餐刀和汤勺（注意刀锋朝内）。餐巾和餐垫包括蓝花布或者带蕾丝边的白布；餐巾看似随意地搁在餐盘中。

人们可以用最低的代价获得最佳的西部乡村风格，带有浓郁西部风情的天然松果常用于装饰餐桌，可以在桌上摆上一碗松果，或者将松果串成项链挂在墙上。牛仔靴、仙人掌、小木桶、干草捆以及经过防腐处理的动物毛皮、皮革、头骨或者鹿角，都是用作西部乡村风格餐桌的中心饰品。

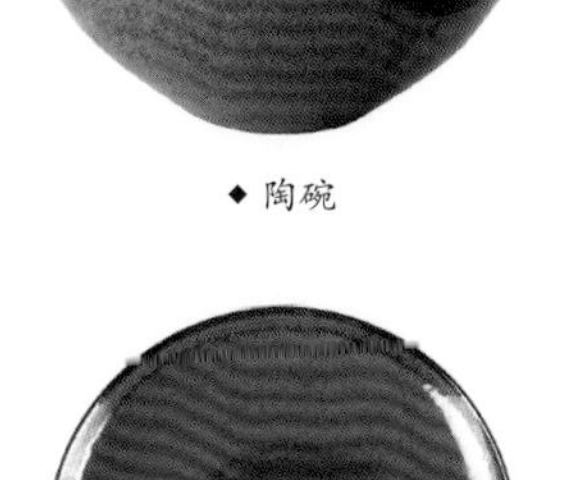

◆ 陶碗

◆ 陶杯

◆ 陶盘

第八章 | chapter 8

美国西南风格

Southwestern Style

1、起源简介

（1）背景

◆ 传统西南住宅

西南风格起源于 16 世纪西班牙征服者对于今天墨西哥的入侵。西班牙人带来了雕刻华丽的家具和色彩斑斓的瓷砖和陶器。随着时间的推移，墨西哥本土的图案（如土狼和仙人掌）与西班牙文化融为了一体。后来北美洲的印第安原住民文化也逐渐渗入到其中。当西南地区的沙漠地带成为早期开拓者的居住地，贸易也随之增加。印第安原住民（Native American）的毛毯和陶器也成为早期开拓者生活的一部分。

美国西南地区是一块广阔无垠、五彩缤纷的土地，也是一块有时候气候严酷、不宜居住的古老土地。自然地貌从高原到低谷，从沙漠到山丘，变化多端。绿叶葱葱的森林，绿草茵茵的山谷，干枯荒凉的火山台地，在这块土地上并存。明亮的色彩与干燥的空气在西南地区的房屋中交织在一起。

那些手工的地毯和壁毯采用不同颜色的羊毛编制而成，在西南风格室内装饰当中举足轻重。它们既可以铺在地上，也可以用于沙发靠枕和椅垫，或者直接挂在墙上。所有木作的表面凸凹不平，并且留下岁月磨损的痕迹；所有细节均尺寸粗大、简洁明了，无多余、繁复的装饰。

美国西南地区的文化主要来源于三大族群：印第安原住民（Native American）、西班牙裔墨西哥人（Hispanic）和盎格

◆ 传统印第安陶罐

鲁人（Anglo）。西南地区的印第安原住民包括居住在陡峭悬崖上的阿纳萨奇人（Anasazi Indians）、用石材或者土砖建造房屋的普韦布洛人（ Pueblo Indians）与居住在沙漠地带台地脚下的霍皮人（Hopi Indians），因其均应用石块和黏土建造房屋而均属于普韦布洛印第安人（Pueblo Indians）。西班牙裔墨西哥人泛指来自墨西哥的西班牙裔，也包括所有来自西班牙殖民统治过的拉丁美洲国家的人们。盎格鲁人泛指讲英语的欧洲裔美国白种人，不包括西班牙裔或者拉丁裔，有时候甚至不包括法国血统。

人们通常把西南风格归属于美国西南部的新墨西哥州、亚利桑那州、内华达州和部分加利福尼亚州。西南风格真实地反映出当地的风土人情，从沙漠植物到山川地貌；其骨子里浸透着当地的文化传统和自然环境，是墨西哥文化与西南地区印第安文化的综合体。西南风格包含了色彩、肌理和自然材料，其柔和的色彩来自于当地的沙漠，强烈的色彩则来自于当地的日落和植物；肌理感来自于粗削的木作和手工纺织品；自然材料（如石材和木材）则通过超大的壁炉和手工家具体现出来。

陶斯（Taos）是一座位于新墨西哥州中北部地区的小镇。作为世界文化遗产的美国惟一土著居民社区，陶斯普韦布洛（Taos Pueblo）反映了亚利桑那州和新墨西哥州的印第安文明。自 1615 年起，西班牙殖民者与陶斯印第安人成为了征服者与被征服者的关系，直至 1850 年新墨西哥成为美国一个州。从 1899 年开始，不断有艺术家在陶斯定居和创作，最终形成了举世闻名的陶斯艺术（Taos Art），在西南风格的室内装饰艺术当中举足轻重。

紧邻墨西哥的美国新墨西哥州首府——圣塔菲（Santa Fe）是一个融合了西班牙、墨西哥和印第安文化的城市，创造出这个世界上独一无二的圣塔菲风格（Santa Fe Style），它也被称作西南风格（Southwestern Style）。其家具色泽偏深，线条更圆滑，尺度也更小巧。作为与西部乡村风格相近的西南风格以沙漠的中性色调（如中褐色、灰色或者米黄色）为背景色，结合明亮活泼的红色、橙色、黄色、灰绿色、蓝绿色、钴蓝色与其标志性的陶斯蓝色（Taos Blue），将自然美景与家庭魅力融为一体。

人们常常视圣塔菲风格为介于西部乡村风格与西班牙殖民风格之间的一种建筑与装饰风格。事实上，圣塔菲风格中应用的饰品和织品也通用于西部乡村风格与西班牙殖民风格之中，比如土坯砖砌筑的蜂巢形墙角壁炉和展现美国原住民印第安文化的手工艺品等。那些象征着早期开发西部的原木家具和西班牙殖民者带去的西班牙式家具常见于圣塔菲风格的家庭当中。

现代西南风格集合了西班牙殖民风格（Spanish Colonial）、西部风格（Western）与当代风格（Contemporary）的特点于一体。西班牙殖民风格大量应用彩绘瓷砖、铁艺和雕刻；标志色彩包括宝石蓝、深红和金色；家具尺寸超大并且饰以银质或者锻铁五金件。西部风格以粗糙的手工制品著称，并且结合了印第安原住民、牛仔和牧场生活；标志性符号包括彩绘陶器、印第安基瓦壁炉（Kiva Fireplace）、用于悬挂的手工编织毛毯、农场工具、马车轮和牛仔艺术等；标志色彩包括褐土色、深绿色和砖红色。当代风格色彩以淡雅的中等淡色调为主；标志性符号包括克奇纳娃娃（Kachina Doll）、萨提约地砖（Saltillo Tile）、几何图形地毯、很少雕刻的小件家具、锻铁墙挂艺术品等。

现代西南风格的装饰元素表现出真实、朴实而又自然的美国民间艺术，它们包括了沙漠和山峦的风景画、色彩亮丽的地毯和靠枕，以及鲜艳夺目的墙漆等。这是一种充满活力的居住空间，远离单调与乏味的陈词滥调。典型的西南风格肌理是土生土长的美洲原住民民俗与传统世代相传的见证，它们通过世世代代应用的材料（包括皮革、反毛皮、染色羊毛和棉布等），将文脉传承下来。

现代西南风格共有 4 个子分类：①围绕狂野西部（Wild West）为主题的旧西部纪念品、野马和牛仔文化；②打造墨西哥文化主题的墨西哥毛毯、宽边帽和陶器；③利用西南风格配色方案配合景观设计的现代设计手法；④以印第安原住民文化为主题的文化与艺术，包括沙画、捕梦网和陶器等。真正的西南风格正是这 4 大子分类的熔炉，而其中某一类就已经非常真实诱人。

每个人都可以根据个人喜好来选择不同的西南主题。有人喜欢墨西哥的乡村情调，选用饰以粗壮五金件的实木家具；也有人偏爱反映印第安原住民手工艺术与传统文化；还有人钟情用现代材料制造的西南风格图案，如仙人掌、红辣椒、沙漠风光、满月，以及象征丰收的叩叩湃力（Kokopelli）——一种印第安普韦布洛人（Pueblo Indian）崇拜的偶像。

无论生活在何处，每个人都可以应用西南风格让沉闷空间变得活力四射。无论是普通人还是设计师，大多能够从西南风格中获得不同灵感。近年出现的亚利桑那风格（Arizona Style）就是西南风格的衍生物，或者说是现代版的西南风格。它大量借用传统西南风格的经典符号，用现代设计手法进行全新诠释。这大概正是西南风格具有旺盛生命力的缘由。

（2）人物

◆乔治亚·欧姬芙（Georgia O' Keeffe, 1887—1986）。美国女画家，擅长结合抽象与写实手法来描绘赋予她创作灵感的原始西南风情，包括花卉、岩石、贝壳、动物骸骨和风景，被誉为"美国现代主义之母"。代表作品包括《菠萝芽》（*Pineapple Bud*）、《公羊头、白蜀葵和小山丘》（*Ram's Head White Hollyhock and Little Hills*）、《劳伦斯树》（*The Lawrence Tree*）和《夏日》（*Summer Days*）。

◆彼得·赫德（Peter Hurd, 1904—1984）。美国艺术家，作品以饱含深情的笔触来描绘其出生地——新墨西哥州的风光。赫德的作品向人们展现出西南地区山顶的光影和无垠的天空与大地，从中人们能够感受到赫德在这片土地上的成长经历，以及在他眼中独特的西南文化。其代表作品包括《圣约翰的傍晚》（*The Eve of St. John*）、《沙漠绿洲》（*The Oasis*）、《冬晨》（*Winter Morning*）和《公牛骑士》（*Thc Bull Ridcr*）。

◆鲁道夫·卡尔·戈尔曼（Rudolph Carl Gorman, 1931—2005）。美国首位印第安人艺术家，被《纽约时报》誉为"美国印第安艺术的毕加索"。戈尔曼的作品色泽鲜明，运笔流畅，恬静安详。无论是绘画、雕塑还是陶器，戈尔曼主要以美国印第安原住民妇女为创作题材。其代表作品包括《美丽之路》（*Beauty Way*）、《夏日》（*Summer*）和《纳瓦霍人的天鹅绒》（*Navajo Velvet*）。

◆瓦莱丽·格雷夫斯（Valerie Graves）。美国著名西南风景画家，擅于捕捉西南地区别具一格的湖光山色和人物鸟兽。其在保护西南文化遗产方面的杰出贡献而被授予美术终生成就奖。代表作品包括《艳阳天》（*Hot Sunny Day*）、《艳阳下的秋日午后》（*Sunny Autumn Afternoon*）和《花朵与阴影》（*Blossoms & Shadows*）。

◆ 欧姬芙的作品

2、建筑特征

◆ 屋顶

◆ 外墙

◆ 入户大门

◆ 大门

(1) 布局

美国亚利桑那州的图森（Tucson）以其丰富多样的西南风格建筑式样而闻名，它主要包含了普韦布洛式样、地方式样、西班牙殖民式样和西南本土式样。

普韦布洛式样房屋的特征包括圆角和呈阶梯形墙体、平屋顶和伸出女儿墙的排水管、土砖表面灰泥粉刷、入口有门洞或者门廊、深嵌墙体的门、窗洞带门楣，以及经常露出外墙的椽子。

地方式样房屋的特征包括方角和较少阶梯的墙体、平屋顶和伸出女儿墙的排水管、土砖表面灰泥粉刷、入口有门洞或者门廊、与墙面齐平的门、窗洞带装饰性门、窗套、在女儿墙和烟囱处有装饰性砖砌檐口，以及带装饰性木柱和屋顶的门廊。

西班牙殖民式样房屋的特征包括方角墙体和拱形门、窗洞、缓坡屋面铺粘土桶形陶瓦、庭院和带顶露台、土砖表面灰泥粉刷、嵌入式门、窗饰以木套、无装饰烟囱，以及屋顶轮廓线偶尔出现木梁和梁托。

西南本土式样房屋的特征包括方角和斜角墙体、油漆的双坡铁皮屋顶、游廊围合的庭院、土砖表面灰泥粉刷、与墙面平齐的门、窗洞，以及无装饰烟囱。

传统西南风格居住建筑平面呈长方形，并且带有庭院，整体造型为简单的立方体；平面布局紧凑，外观朴实无华。

(2) 屋顶

西南风格房屋的屋顶根据不同所在地会呈现不同的外表。典型的屋面材料包括受西班牙殖民文化影响的红色陶土瓦和近代开拓者带来的白铁皮。其屋檐出挑非常浅，木梁和檩条均被隐藏于挡风板之后。

(3) 外墙

西南风格房屋厚实的墙体采用由泥土、水和秸秆混合制成的土砖砌筑，表面采用由水泥、砂子和水混合而成的灰泥粉刷，外墙色彩大多为浅棕色。房屋立面基本呈方形或者长方形。

(4) 门窗

厚实的外墙与后退的窗户可以保持室内的荫凉且隔热。为数不多的窗户外面常常安装铁艺格栅。

一块厚实的入户大门通常配上同样粗大的锻铁五金件是西南风格建筑的突出特征之一。大门两侧的侧窗经常镶嵌彩色玻璃。大门表面往往漆成醒目的蓝绿色调。

3. 室内元素

（1）墙面

西南风格的墙面经常出现粗糙的石砌墙体与相对平整的灰泥粉刷墙面形成对比的情况，不过墙面的粗糙还是平整由房主决定。西南风格墙面的色彩包括米白色、淡黄色、柔黄色和浅褐土色等，并且会在墙面粉刷时制造灰泥粉刷的肌理效果。

西南风格室内墙壁上常见壁龛，用于展示宗教神像、雕塑、陶器和编织篮筐等。源自西班牙、产自于墨西哥的塔拉韦拉瓷砖（Talavera Tile）色彩明亮，图案精美，经常应用于壁炉架边框和灶台背板。

（2）地面

源自于墨西哥的萨提约瓷砖（Saltillo Tile）属于一种赤陶砖，是西南风格地面装饰材料的首选。此外，松木地板和石板铺地也很常见。地面铺贴完成后往往会在重要区域铺上编织地毯或者兽皮。

（3）顶棚

粗大的木梁是西南风格室内建筑构件的重要标志，其表面常常擦浅色或者中性色调后清漆处理。木梁之间的顶棚材料包括木板和灰泥粉刷。

（4）门窗

◆ 木门

出于特定气候原因和安全考量，西南风格房屋的窗户尺寸通常比较小。为了通风、隔热，常为较大的窗户安装百叶窗。

西南风格的实木门包括单扇或者双扇镶板门，有的木门顶部采用拱形，表面大多经过擦深褐色后清漆处理，也有保持原木色只清漆的木门。木门表面往往饰以铁钉，或者采用铁或铝锻造的钉头。

（5）楼梯

西南风格楼梯基本上由铁和木组成，楼梯结构特征包括以锻铁为主体及栏杆配合松木踏板、松木，或者以原木为主体配合锻铁栏杆，又或者全部由松木或原木打造。

松木板或者原木栏杆包括纺锤形与平板剪影形两种，表面经过粗加工后大多无擦色后清漆处理。锈色的锻铁栏杆式样以简单的直线型为主，扶手也一并采用锻铁制作。也有些锻铁栏杆与松木扶手搭配。

（6）橱柜

西南风格的橱柜比西部乡村风格的橱柜做工更细，也有更多款式。其柜体和柜门均采用擦褐色后清漆处理。吊柜柜门喜欢带窗格的玻璃门，而地柜台面则偏爱深色石材或者大理石。深褐色带有磨损痕迹的实木橱柜搭配银质或者铸铁五金件，或者浅褐色实木橱柜搭配蓝绿色边框都能体现西南风格的真实感。

（7）五金

西南风格的铸锌纽扣形把手常见鹿角、牛头、马头、仙人掌、叩叩湃力或者牛仔（五角）星等造型。有些采用锡镴制作的把手和拉手呈几何造型和印第安传统纹饰，其中央往往镶嵌绿松石。

（8）壁炉

◆ 壁炉

西南风格最具特色的基瓦壁炉（Kiva Fireplace）起源于8世纪北美印第安普韦布洛人（Pueblo Indian）使用地穴式圆形建筑，因其独特外形类似蜂窝而被称之为“蜂窝式壁炉”（Beehive Fireplace）。基瓦壁炉从8世纪最初的基瓦火塘，到18世纪发展成为今天的基瓦壁炉。它通常安排在墙角，采用土砖砌筑，平面为1/4圆弧；基本呈上大下小的S形曲线，或者分两段的结构。其炉膛门呈圆拱形，炉壁外表常见凹入式拱形小壁龛，用于摆放相框或者艺术品等。基瓦壁炉通常没有壁炉罩。

（9）色彩

西南风格的色彩均来自于其赖以生存的自然环境，沙漠的色彩是西南风格的创作源泉。绿植和大地的色调，例如仙人掌、风滚草，以及沙丘变化多端的色彩。仙人掌花特有的粉红色、紫色和红色，让我们静坐冥思；西南大地日刀、口落的美妙时光，阳光为大地万物披上一层淡淡的金色，让我们沉静陶醉。

西南风格的色彩似乎与生俱来，代表色彩包括来自于天空的鲜蓝色、钴蓝色和蓝绿色、来自于土壤、氧化铁和辣椒的红色、来自于沙漠植物和落日的黄色和橙色与来自于沙漠的的棕色、米黄色和灰色。常用的西南风格色彩包括米黄色、乳白色、黄褐色、红褐色、红色、橘黄色、紫色、绿色和蓝色，与之搭配的是大地的背景色彩——褐色。

最具代表性的西南风格色彩是源自于西班牙人的陶斯蓝（Taos Blue），这是一种天蓝色与少量紫色的混合色。

（10）图案

西南风格的图案主要来自于印第安原住民文化、墨西哥文化和牛仔文化，它们包括仙人掌、土狼、箭头、壁虎、蛇、抽象闪电、方形旋涡、牛仔帽、靴、马刺、马、马鞍和套马索等。

墨西哥印第安阿兹特克人（Aztec）和北美西南地区的印第安普韦布洛人（Pueblo）所使用的几何形图案常常出现在地毯、靠枕套、陶器和篮筐之上。辣椒图案象征着西南地区的饮食文化，也经常出现在陶器和五金件之上。

4. 软装要素

（1）家具

西南风格的家具通常带有明显的工匠痕迹，比如连接构件、雕刻装饰、手锤锡板、厚玻璃镶嵌、锻铁五金件和磨损痕迹等。粗糙而结实的家具以实用为建造目的，比如超大的橱柜。锻铁、玻璃和木材往往混合应用于同一件家具当中。配有软垫的家具（如沙发），其面料常用中性色调的印第安纳瓦霍（Navajo）图案。

铁艺是西南风格家具的重要组成部分，常见于搁板三角托架、储藏柜顶部和支撑手绘陶器支架之上。浅色家具经常与深色锻铁五金件配合应用。

西南风格家具基本上属于西班牙和墨西哥的传统家具，床、柜子、衣橱、床头柜和箱子的表面常见几何或者花卉图形的雕刻。木质椅子常常配以皮革或者兽皮制作的软垫。沙发和扶手椅则全部采用皮革作为软垫面料。餐椅椅背大多为直背。

桌子和衣橱经常油漆成醒目的红色、橙绿色和钴蓝色。木质储藏箱象征着家族的传承而经常出现在西南风格的卧室里面。西南风格的床具常见传教士风格（Mission Style），也有很多床头板和床尾板采用纺锤形栏杆柱。

◆ 餐椅

◆ 挡风椅

◆ 扶手椅

◆ 储藏柜

◆ 储藏柜

◆ 储藏柜

◆ 沙发

◆ 书柜

◆ 储藏柜

◆ 衣柜

◆ 折叠椅

◆ 边桌

◆ 餐桌

◆ 餐边柜

◆ 储藏箱

◆ 搁脚凳

◆ 搁脚凳

◆ 床具

◆ 床具

◆ 屏风

（2）灯饰

西南风格的灯具特征为昏暗的灯光和醒目的色彩，如深红色和棕色，或者米黄色和其他浅色。墨西哥和印第安原住民的陶器是西南风格台灯的最佳基座；西部牛仔骑野牛造型的台灯基座也是西南风格的特色之一。此外，西班牙的穿孔锡皮灯笼式吊灯和锻铁台灯与壁灯也常见于西南风格的室内空间当中。

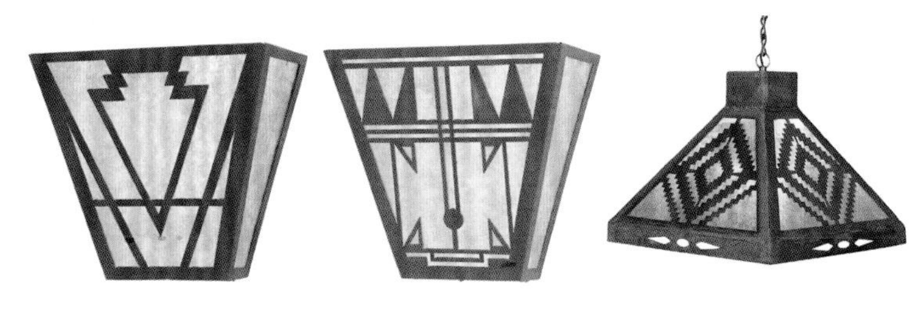

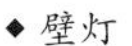

◆ 壁灯

◆ 吊灯

◆ 桌台灯

◆ 窗帘

（3）窗饰

西南风格的薄纱窗帘大多为中性色彩，其中以绿色和黄色的混合花色最为常见。而亮红色和亮黄色混合的窗帘与中性色调的背景建立平衡关系。采用布艺或者木材制作的帷幔也十分有特色。百叶窗和罗马帘在西南风格的窗饰当中相当普遍。窗帘悬挂方式主要包括扣眼式和吊带式两种。

西南风格窗饰可以充分发挥个人的想象力，深色木质窗帘杆悬挂表现绿色仙人掌的薄纱窗帘，表现西南几何图形的、明亮日落色调的帷幔，麻花拧形黑色锻铁窗帘杆悬挂纯黑天鹅绒绣上金色太阳轮廓的窗帘。

在木质窗框上饰以金属蜥蜴雕像，或者在窗户顶部垂挂一串干红辣椒，又或者固定在窗框上的小木挂钩上的牛仔帽都是一种另类的西南窗饰。

（4）床饰

西南风格布艺的花色丰富多彩，基本色调常用褐土色，配合生动活泼的几何图形。常见的西南风格床品花色包括红色、绿色、浅黄色的圣塔菲（Santa Fe）主题，蓝色、紫色、浅褐色的达科塔（Dakota）主题，卡其色、红色、淡黄色的纳瓦霍（Navajo）主题，红土砖与棕咖啡主题，仿麂皮的西部牛仔主题，压花皮革主题和西南农场主题。

西南风格的床饰以条纹和几何图形比较多见，此外还包括菱形、老鹰和兔子的图案。毛毯和被子既用于床饰也用于沙发。

◆ 床品

◆ 靠枕

（5）靠枕

西南风格靠枕以纯羊毛编织靠枕套最具代表，其编织图案以印第安原住民编织地毯的几何图形为主，色彩丰富而强烈。此外还有织锦靠枕套和乡村牛仔皮革靠枕套；其中皮革需用阉牛皮，并且在其表面进行手工彩绘，同时饰以皮革流苏。

常见的西南风格靠枕套图案包括几何图形、西南风景、印第安陶罐、野马、公牛头骨、牛仔骑野马和树形仙人掌等。

（6）地毯

西南风格的地毯以几何图形的编织地毯为主，特别以印第安纳瓦霍（Navajo）的手工编织棉质地毯为代表。其特征表现为强烈的几何图形和明亮的色彩，也被称作塞拉普毛毯披肩（Serape），因为其原始用途适合于床罩、壁毯、地毯和披肩。它像一块毛毯状的披巾，两端以流苏结束。

◆ 地毯

◆ 基瓦梯子

◆ 叩叩湃力

◆ 铁艺蜥蜴

◆ 装饰画

◆ 叩叩湃力

◆ 铁艺仙人掌

◆ 装饰画

（7）墙饰

来自于印第安原住民、西班牙和墨西哥的传统手工艺品或者编织品均可以作为西南风格的最佳墙饰，它们包括带明亮几何图形的纳瓦霍（Navajo）壁毯、印第安人的护身符和捕梦网（Dream Catcher）、印第安箭袋、经过漂白的动物头骨、乡村十字架、墨西哥人的宽边帽与陶瓷挂钟、蜥蜴、跳舞的叩叩湃力（Kokopelli）（像个驼背的吹笛者）、装饰性镜框和描绘普韦布洛村庄的油画等。挂钟表面经常出现如红辣椒和仙人掌之类与西南风情有关的图形。

与牛仔有关的墙饰包括马蹄铁、马靴、马鞍、缰绳、烙铁和绳轮等。反映西南自然生态特征的动、植物则利用铁皮裁出剪影。源自于印第安原住民的基瓦梯子（Kiva Ladder）是西南风格的标志性墙饰，通常斜靠在墙面上。

（8）桌饰

具有浓郁印第安文化特色的克奇纳娃娃（Kachina Doll）是由一种传统的舞蹈面具演化而来；在印第安霍皮人和普韦布洛人的文化中，大约有超过 400 种克奇纳娃娃，人们常常将收集的娃娃系列展示出来。源自于印第安文化的陶罐、盆和碗以其精美的几何图形给人深刻印象，常作为咖啡桌的中心饰物摆放。

源自于印第安文化的陶器包括阿科马陶器（Acoma Pottery）、霍皮陶器（Hopi Pottery）、圣塔克拉拉陶器（Santa Clara Pottery）、圣伊尔德丰索陶器（San Ildefonso Pottery）、陶斯陶器（Taos Pottery）和祖尼陶器（Zuni Pottery）。具备印第安文化特色的彩绘陶器是西南风格的标志性桌饰。

印第安手工篮筐采用染色芦苇、丝兰或者松针编织，常盛满松果或者石子摆放在桌面。编织篮筐包括阿帕切篮筐（Apache Basket）、霍皮篮筐（Hopi Basket）、纳瓦霍篮筐（Navajo Basket）、帕帕戈篮筐（Papago Basket）和亚瓦帕篮筐（Yavapai Basket）。

西南风格的桌饰往往需要发挥一点创造力，例如用皮条将干树枝捆绑起来模仿风滚草，或者把玻璃碗、花瓶里面装满抛光的石头模仿小溪。应用陶瓷或者金属制作的小喷泉则是室外喷泉的延续。

◆ 克奇纳娃娃

◆ 木器

◆ 西南传教区模型

◆ 陶器　◆ 篮筐

◆ 篮筐　◆ 印第安陶器

◆ 印第安陶器

（9）花艺

肉质植物最能代表西南风格的地域特征，比如仙人掌之类的保水植物或者花卉。常用的花材包括仙人掌、芦荟和沙漠玫瑰。

西南风格的花器基本选用赤陶花盆和釉面彩绘的陶质花盆，它们常用金属架子支撑离开地面。

◆ 陶盘

◆ 陶碗

（10）餐饰

为了营造出极富乡村气息的西南风格用餐环境，可以在餐桌纵向铺一条色彩鲜艳的桌巾，桌巾上摆放几个造型质朴、粗犷的玻璃或者陶质的烛台（可以根据餐桌长度决定烛台的数量），还可以补充几个彩色玻璃烛杯，让烛光透过玻璃发出彩色光。餐饰的主要色彩包含了西南风格典型的橘黄色、绿色、钴蓝色和红褐色，它们分别体现在餐盘和餐巾上，这意味着餐盘的色彩无需一致，与色彩鲜艳的墨西哥美食取得完美的统一。

色彩鲜艳的陶质餐盘是西南风格标志性的餐饰，特别是描绘出西班牙、墨西哥和印第安原住民文化图案的餐盘，比如几何图形和红辣椒图形等。此外还有单色的陶质餐盘，比如蓝绿色、红色和深黄色等，它们都可以放在印有西南特色图案的编织餐垫上。传统的西南风格餐桌上常见印第安普韦布洛式茶壶和红辣椒造型的饼干罐。

西南风格的刀叉可以通过手柄上的浮雕图案分辨出，例如以菱形为特点的陶斯图案（Taos Pattern）和以三角形为特点的普韦布洛图案（Pueblo Pattern）。刀叉无需遵循传统方式摆放，人们往往把它们用餐巾裹住放在餐盘里面。

第九章 | chapter 9

法国巴洛克风格

French Baroque Style

1、起源简介

（1）背景

◆ 巴黎凡尔赛宫

源自于文艺复兴的巴洛克风格是世界上第一个对全世界装饰风格影响巨大的风格，它通过工匠、艺术家和建筑师将其传播至欧洲、美洲、非洲与亚洲，在那些热衷于气派精美的家具、奢侈华丽的锦缎、金碧辉煌的装饰和异乎寻常的饰品的王公贵族之间流行。

极富戏剧性和装饰性效果的巴洛克风格起源于 17 世纪时意大利的天主教堂，后传播至路易十四时期的法国乃至当时整个欧洲。受其影响的其他领域包括绘画、雕刻、舞蹈、音乐、文学及家具设计。路易十四时期标志着法国文艺复兴的结束，法国巴洛克风格的开启。相对于意大利巴洛克风格，法国巴洛克风格显得更为严肃与庄重。

这是一种生气勃勃、富丽堂皇并充满虚华与外表夸张的装饰风格，根据英国牛津字典关于“巴洛克”一词的注释，它源自于葡萄牙语“barroco”，意指不完美或者带瑕疵的珍珠。巴洛克意味着精雕细琢与错综复杂。

这一时期的社会背景值得关注，当时天主教堂受到异议，君主制度受到批评，罗马教会寄望借助艺术的感染力来加强其权威

◆ 罗马耶稣会教堂

和控制力。规模宏伟、超凡脱俗的巴洛克风格建筑艺术于是被利用来提醒大众教会与君主至高无上的权力、地位与财富。因此其建筑与装饰式样均围绕给予人们强烈的震撼印象这一目的而极尽夸张与铺张之能事。

路易十四（Louis XIV, 1638—1715）年幼时期（他五岁开始登基）的实际统治者——其母摄政女王（Queen Regent）与红衣主教马萨林（Cardinal Mazarin）因为趋向于奢侈华丽的装饰而成为法国巴洛克风格的倡导者。此外，时任总理兼财政大臣的吉恩·巴普蒂斯特·科尔伯特（Jean Baptiste Colbert）大力支持新兴的艺术形式，创办皇家美术学院（Academy of Painters and Sculptors），组织蕾丝产业，为政府收购诞生于15世纪的哥白林挂毯（Gobelin Tapestry）起到了积极的推动作用，最重要的是他举荐了画家查尔斯·勒·布伦（Charles Le Brun, 1619—1690）。

法国太阳王路易十四于1685—1725年掌权期间，意大利文艺复兴刚刚结束不久。由路易十四主导设计的凡尔赛宫(The Palace of Versailles）成为欧洲各国皇室纷纷仿效的对象，也成为法国巴洛克风格建筑的典范；其中路易十四对于巴洛克风格风靡整个欧洲功不可没。路易十四不惜重金从德国、意大利和荷兰等国家引进最具才华的艺术家和工匠，最终将凡尔赛宫打造成了一个雕刻繁复、金碧辉煌、富丽堂皇、比例夸张，并且让世人叹为观止的展厅式宫殿，充分展现了路易十四卓越的领导才能和绝对的统治地位。

不过，路易十四本人也无法忍受凡尔赛宫的庞大与约束，他在凡尔赛宫不远处又请当时法国著名建筑家朱尔斯·阿杜恩·芒萨尔（Jules Hardouin Mansart, 1646-1708）设计修建了另一座供其休闲的小宫殿——马利堡（Chateau de Marly）。相对于凡尔赛宫，马利堡要舒适宜人得多，园林景观也更加赏心悦目。

随着法国巴洛克时期艺术领域的领军人物勒·布伦的去世，严格的法国巴洛克风格设计标准随之解体。路易十四时期的设计师们努力延续着文艺复兴精神，路易十四晚期的巴洛克风格开始出现变革，朝向法国摄政风格（Regency）和洛可可风格（Rococo）的方向发展。基座式桌、椅腿逐步被更纤细并弯曲的桌、椅腿取而代之，精细的雕刻和涡卷形开始成为主流。尽管这时的家具在许多方面已经非常近似路易十五的风格，但是仍然继续其细节的平衡，而非如洛可可风格那样注重协调的平衡。

（2）人物

◆朱尔斯·阿杜恩·孟萨（Jules Hardouin Mansart, 1646—1708）。作为法国古典建筑之父——弗朗索瓦·孟萨（Francois Mansart, 1598—1666）的侄孙，孟萨继承了路易斯·勒·伏的皇家建筑师头衔，不仅对凡尔赛宫进行了大规模的扩建，并且完成了凡尔赛宫内著名的镜厅室内设计、大特里亚农宫、橘园、皇家礼拜堂和南、北翼等，同时还为巴黎留下了一批堪称经典的巴洛克风格建筑（如马利堡（Chateau of Marly）和旺多姆广场（Place Vendome）等）。

◆皮埃尔·高尔（Pierre Gole, 1620—1684）。路易十四最钟爱的家具木工，也是路易十四的御用家具木工。高尔的家具喜欢采用昂贵的黑檀木，表面饰以宝石、玳瑁壳、象牙、贝壳、金属和大理石等珍稀材料，并且模仿当年流行的东方漆器艺术。

◆安德烈·查尔斯·布勒（Andre Charles Boulle, 1642—1732）。路易十四最钟爱的家具木工，也是路易十四的御用家具木工。为了表彰布勒对于镶嵌细工（Marquetry）的卓越贡献，路易十四御准其名字成为镶嵌细工（Boulle）的代名词。布勒擅长于应用乌木、龟壳、黄铜等金属来镶嵌一件精美的家具。他后来偏向于运用精雕细琢的镀金物和青铜来装饰家具，也喜欢采用大理石和花岗岩作为桌面，以及采用织锦作为椅套面料。其华丽壮观与金碧辉煌的特征成为巴洛克风格家具的象征性符号。

◆查尔斯·勒布伦（Charles Le Brun, 1619—1690）。法国巴洛克时期艺术领域的领军人物，也是路易十四的首席宫廷画家，由其主持的皇家美术学院代表着法国最高地位的学院派艺术。他被指定与建筑师路易斯·勒伏（Louis le Vau, 1612—1670）与园艺师安德烈·勒诺特

（Andre le Notre, 1613—1700）一起监督凡尔赛宫的建造，同时为凡尔赛宫留下了一批精美的巴洛克风格壁画。不仅仅是在绘画领域，勒布伦还为巴洛克风格制定了雄伟、对称和严峻的设计标准，帮助路易十四确立了法国巴洛克风格，成为路易十四在艺术控制方面的忠实执行者。其绘画代表作品包括《亚历山大与波罗斯》（*Alexander the Great and Porus*）、《马背上的赛吉耶大法官》（*Chancellor Pierre Seguier on Horseback*）和《基督背负十字架》（*Christ Carrying the Cross*）。

◆乔·劳伦佐·贝尼尼（Gian Lorenzo Bernini, 1598—1680）。巴洛克时期最伟大的雕塑家，同时也是一名著名的建筑家与画家。贝尼尼以基督教艺术为主题并且充满动感的雕塑往往作为巴洛克建筑的最完美结合，因此也得到了广泛地传播和展现，并且影响到其他艺术创作领域。贝尼尼的作品不仅只是雕塑，还包括了柱廊、檐壁和花瓮等。巴洛克建筑顶部的阁楼常常让低矮的女儿墙遮盖斜坡屋顶，让成列的雕塑成为建筑的天际线；女像柱或者男像柱雕塑常常代替支撑柱子；盾形纹章、涡卷形饰和奖杯形等雕塑经常出现在檐壁部位。

◆西蒙·乌埃（Simon Vouet, 1590—1649）。法国巴洛克时期画家。作为法国巴洛克的代表人物，乌埃首次将意大利巴洛克艺术引进到法国，并且担任路易十三的宫廷首席画家长达 15 年之久。其代表作品包括《财富的寓言》（*Allegory of Wealth*）、《十字架上的基督》（*Christ On The Cross*）和《玛丽亚与圣婴》（*Madonna with Child*）。

◆尼古拉斯·普桑（Nicolas Poussin, 1594—1665）。法国巴洛克时期在罗马的最重要画家之一，也是最受尊敬的早期绘画大师之一。作品深受古希腊、古罗马神话故事的影响，不随巴洛克绘画的主流，独树一帜。其基督教宗教题材艺术，与同期的克劳德·洛兰一道成为法国古典主义绘画的奠基人。代表作品包括《诗人的灵感》（*The Inspiration of the Poet*）、《阿卡狄亚的牧人》（*The Shepherds of Arcadia*）、《格玛尼库斯之死》（*The Death of Germanicus*）和《风景与圣约翰在帕特摩斯岛上》（*Landscape with saint John on Patmos*）。

◆克劳德·洛兰（Claude Lorrain, 1600—1682）。法国风景画家。虽然洛兰的创作题材仅限于神话、历史和宗教，但是其庄严、崇高而又充满诗情画意的画风却闻名遐迩，流芳百世。由于洛兰的努力，风景画不仅成为一门崇高而深奥的艺术，而且为后来的画家开辟了广阔的前景。代表作品包括《夏甲驱逐》（*The Expulsion of Hagar*）、《圣尤苏拉登船的海港景色》（*Port Scene with the Embarkation of St Ursula*）、《阿波罗守卫阿德墨托斯的牛群》（*Apollo Guarding the Herds of Admetus*）和《乌利西斯将克莉赛斯交还其父》（*Ulysses Returns Chryseis to her Father*）。

◆ 普桑的作品

◆乔治·德·拉图尔（Georges de La Tour, 1593—1652）。法国巴洛克时期画家，作品以夜晚烛光下的宗教画而闻名。代表作品包括《木匠圣约瑟店里的基督》（*Joseph the Carpenter*）、《抹大拉的忏悔》（*The Penitent Magdalene*）和《油灯前的抹大拉》（*Repenting Magdalene*）。

◆菲利普·德·香拜涅（Philippe de Champaigne, 1602—1674）。法国巴洛克时期肖像与宗教画家。其细腻而华丽的画风颇受法国上流社会的欢迎，曾为王太后玛丽·美蒂奇（Marie de' Medici, 1575—1642）作画。代表作品包括《红衣主教黎塞留肖像》（*Portrait of Cardinal de Richelieu*）和《最后的晚餐》（*The Last Supper*）。

◆安托万·勒南（Antoine Le Nain,1599—1648）、路易斯·勒南（Louis Le Nain,1593—1648）和马蒂厄·勒南（Mathieu Le Nain, 1607—1677）。法国巴洛克时期的画家，美术史上统称勒南兄弟。他们直接描绘处于社会下层的普通人，对于 19 世纪法国现实主义画派的产生与发展具有启迪意义。代表作品包括《幸福之家》（*Happy Family*）和《农民之家》（*Peasant family in an interior*）。

2、建筑特征

（1）布局

法国巴洛克风格并没有体现在其居住建筑之上，但是在意大利、英国、西班牙和墨西哥等国的居住建筑当中被广为传播和应用。巴洛克风格的居住建筑平面布局基本呈长方形，但是横向尺寸比较宽大。整体建筑气势宏大、庄严雄伟、整齐有序。

（2）屋顶

大部分巴洛克房屋都采用由法国建筑师弗朗索瓦·孟萨（Francois Mansart, 1598—1666）设计的高耸复折式屋顶，也称作“孟萨屋顶”（Mansard Roof）。陡峭的屋面上经常出现长方形、圆形或者椭圆形的老虎窗。屋檐出挑很浅，也不会看到檩条或者木梁。砖砌烟囱对称出现在屋脊。对于缓坡屋顶的檐口之上通常采用石雕栏杆式女儿墙，栏杆式女儿墙的实体女儿墙上面还会出现石雕花盆（包括石雕植物或者花卉）。

（3）外墙

典型的巴洛克建筑正立面表现为：装饰线条繁复、夸张，通过深雕刻产生重阴影，局部制造醒目的视觉效果。如果去掉这些装饰线条其实立面很简单，并且保持左右绝对对称。外墙经常采用巨大石块及砖砌筑，石材主要应用于壁柱、门窗框和基座等部位，其余墙面基本采用砖砌，表面进行灰泥粉刷处理。

（4）门窗

◆ 外窗

◆ 入户门

巴洛克式窗户基本为山墙窗（Gable Window），即窗户顶部安装有三角形饰物或者涡卷形挑篷。入户大门通常为建筑立面的重点装饰部分，厚重、复杂的石雕门框往往使与外墙平行的大门看起来像是后退许多，并且在大门上产生阴影。大门本身基本采用六扇镶板木门，表面颜色处理很深，通常没有玻璃镶嵌，常常采用镀金五金件。

3、室内元素

（1）墙面

巴洛克时期室内空间是其整体建筑的延续，也是建筑立面的再现，比如带山形墙的窗户和看似神庙立面的壁炉架等。为了达到整体的完美统一，建筑师不仅主持设计建筑与室内，同时也指导其他艺术家进行绘画与雕刻工作，而且还要决定所有家具的摆设位置与多少等相关事宜。

◆ 墙面

巴洛克风格客厅与餐厅的墙面和顶棚通常饰以大型欧洲古典壁画，例如表现17—18世纪的圆舞曲场景等。这个时期开始注重仿真墙绘技术，在整个房间的墙壁上模仿龟甲、石材和大理石的肌理效果；同时也在普通木材上运用错视画（trompe l'oeil）技法使其看起来像贵重木材。墙面选择较深并醒目的色彩，如深红色或者墨绿色，来强化室内的戏剧效果，这样镀金的家具、镜框和画框才会在深色的衬托下显得更加突出。

◆ 顶棚

巴洛克风格的墙面流行应用复杂的细木护壁板、墙裙和装饰线条来增加墙面的深度，同时配合饰以金色或者银色的印花壁纸。富裕家庭为了增加体积感，会经常应用上下收缩形成褶皱的织品，或者采用从英国、欧洲大陆进口的壁毯来装饰墙面；更豪华的做法是采用压条固定的压花皮革来装饰墙面。

◆ 门窗

（2）地面

巴洛克时期开始盛行镶木地板（Parquet Flooring），特别是在皇宫和皇家住所。这是一种应用实木板拼贴出复杂图案的地面铺贴技术。利用不同木材的不同颜色拼贴出三维立体的视觉效果。

此外，巴洛克风格也应用高档大理石镶嵌地面，大理石地面同样利用两种以上深浅不一的大理石拼贴图案从而产生三维立体的视觉效果，图案以方形和菱形最为常见。

（3）顶棚

大部分巴洛克时期的室内顶棚没有采用灰泥粉饰，而是将支撑木梁或者托梁进行倒角处理；其结果是造成倒角变得越来越复杂，最后往往形成拱形顶棚。富裕家庭的顶棚通常采用石膏板吊顶后再用灰泥粉饰，表面饰以对称布局、围绕中心的石膏浮雕，并且在墙面与顶棚的交接处饰以檐口和饰带。

（4）门窗

1670年之前的窗扇中梃和横梁之间安排铰链窗，后来发展出垂直推拉窗窗框的平衡锤，取消了窗扇中梃和横梁，增加了窗户玻璃的尺寸。18世纪之前流行垂直推拉窗，以高而窄为时尚。一般房间或者普通家庭大多采用平开窗。

传统上，较大的窗户通常由中梃和横梁支撑。随着时间的推移，主中梃（King Mullion）仍然保留，而中梃和横梁的数量和体量则明显减少。随着窗户数量的增加，其比例变得更加狭长，同时主中梃也变得可有可无。早期模制的中梃变成了朴实的方形截面，横梁也由原来的2根减至1根。

巴洛克风格的实木室内门高大、宽阔，通常仅为简单的二扇镶板门，从二扇镶板门演化出来四扇、六扇乃至十扇镶板木门。不过其边框与门楣则大量应用古典建筑经典的额枋、壁柱和饰带。门头装饰以直线型檐口与三角形或者圆弧形山形墙造型为主。

（5）楼梯

巴洛克风格的楼梯尺度通常较大，配上雕刻精巧的橡木栏杆。对于豪华的石材楼梯则采用更复杂的锻铁栏杆。最昂贵的巴洛克木质栏杆是整块镂空雕刻的实木板，镂空图形起先是带状饰，后来是莨菪叶涡卷形，有时候还饰以雕刻。

17 世纪中期流行独立的车削栏杆，开始是腰部收缩，后来类似于花瓶形；较贵的车削栏杆饰以莨菪叶。1660 年之后螺旋形栏杆开始大行其道。顶端带尖顶饰的栏杆支柱横截面一般为正方形，但是最终被古典柱式所取代。

（6）橱柜

巴洛克风格的橱柜特征主要表现在夸张的尺度和造型之上，柜体和柜门表面处理包括擦色后清漆和刷白色油漆，柜门装饰线条通常贴金箔或者饰以浮雕。吊柜柜门为实心门，顶部常见圆拱形山形墙造型；地柜采用大理石台面，并且采用木雕柜脚抬离地面。

（7）五金

◆ 把手

巴洛克风格常用纽扣形把手，其表面饰以植物叶片或者花瓣的深浮雕，以及镂空雕刻的头巾形、拱形和月牙形拉手。材质包括黄铜、青铜和铁艺。

（8）壁炉

◆ 壁炉罩

◆ 大理石壁炉架

巴洛克风格的大理石壁炉架源自于意大利，造型仿如缩小版的巴洛克风格建筑，或者是巴洛克风格建筑的某个片段。这是一种雄壮而夸张的壁炉式样，有时候如纪念碑似地令人感伤，甚至常常被视为安全和可靠的象征，具有令人过目不忘的持久品质，是整个室内空间的点睛之笔。事实上，为了突出壁炉架，巴洛克风格的室内装饰往往围绕壁炉架来进行调整；壁炉架上方的饰架通常饰以壁柱或者山形墙。巴洛克的铸铁三折壁炉罩造型庄严而华丽，充满涡卷形、圆圈和符号，其表面保持铁艺的黑色效果或者经过镀金处理。

（9）色彩

巴洛克风格色彩通常丰富而强烈，喜欢运用对比色来产生特殊的视觉效果。最常用的色彩组合包括金色与亮蓝色、绿色与蓝紫色、深粉红色与白色、红色与绿色、橄榄绿色与黄色、深红色与象牙色或者白色等。米色是最常用的背景基色，金色是代表性色彩。家具的深色木质使得巴洛克空间更具神秘感和体量感，同时也更具吸引力。

（10）图案

巴洛克风格充满着各种自然界生物的形态，其典型的图案包括盛开的灌木、卷曲的树叶、环绕的花卉、纹章的羽冠、鸟儿和中式艺术风格的图案。此外，他们也盛行阿拉伯图案、重复的几何图形、涡卷形的 C 形和 S 形、旋涡形或者椭圆形花饰、垂纬饰或者装饰性帷幔、树枝状或者葡萄藤和玫瑰花形，以及古代格式化花纹等。

巴洛克时期还流行将主人姓名的首字母作为装饰图案应用于家庭装饰当中，它们包括描绘、刺绣、雕刻和铸造等。不过巴洛克风格最具代表性的图案当属编织在锦缎之上的大马士革花纹（Damask），锦缎起源于古老的东方，并且通过今天的叙利亚首都大马士革而传遍欧洲，常见于巴洛克风格的窗帘、帷幔、软垫和靠枕的锦缎之上。时至今日，大马士革花纹仍然象征着权贵与财富。

法国巴洛克风格的标志性符号之一是在织锦和织物上绣上胖乎乎的男婴或者丘比特，他们也常常出现于座钟、烛台、绘画和雕塑等之上。而意大利的巴洛克风格则更喜欢小男孩、花环或者植物叶环。

4. 软装要素

（1）家具

由于路易十四偏爱通过艺术形式来彰显其至高无上的君权与威严，工匠们在家具上镶嵌各种珍贵的材料来满足君主的要求，镶嵌木工因此成为巴洛克时期得到广泛应用的木工技艺。法国巴洛克时期的椅子被视为雕塑一般供人欣赏而非休息之用，同时也作为财富的象征而存在。巴洛克风格家具考虑更多的是其所包含的寓意和人造的视觉效果而非使用是否舒适。

巴洛克风格家具尊贵、堂皇、奢侈、气派，但是并非装饰过度，工艺也并非完美无瑕。装饰图案以叶丛状饰纹和莨苕叶为主，细节采用对称的平衡布局。小圆形和长方形桌子与靠墙台桌广为流行。床具繁复的床幔与床帘造型主要是为了制造宏伟的视觉效果。被称作"点亮女公爵"（lit a la duchesse）的长沙发运用镀金、彩绘和漆面技术。抽屉柜与衣柜则充满雕刻与镶板，其正面通常蜿蜒弯曲，腿部与侧板布满雕刻，表面饰以镶嵌细工。巴洛克风格家具上经常出现卵形饰（Oves）、心形排饰（Rais de cceur）、贝壳（Shell）和装饰线脚（Moulure）等纹饰图样。

巴洛克风格家具大量采用镶嵌细工和青铜镀金技术，从而创造了这一史上最典雅的装饰风格。其椅子坐面采用织锦、锦缎、浮花织锦、丝绸、缎子和丝绒（天鹅绒）作为面料，表面闪耀着深红色、粉红色、金色和蓝色，与之形成对比的是深木色，在法国乃至欧洲宫廷内风靡一时。

法国巴洛克风格通过沙发和椅子来表达各种象征性的符号、小天使和复杂图案等，装饰细节覆盖了整件家具，包括扭曲的立柱和高耸的线条。这个时期典型的曲线和涡卷形木工活代替了所有的直线，其沙发和椅子包含了弯曲的驼背形和圆角使得它们看起来更加舒适和浪漫，富裕家庭里大量采用这种豪华的家具来显示其地位和品位。

法国巴洛克风格家庭经常采用嵌入式家具，比如书柜、展示柜、碗柜、餐边柜和转角柜等。这种嵌入式家具的顶部装饰通常与顶棚装饰联成一体。

巴洛克风格家具通常采用多种木材组合而成，并且以大理石桌面或者台面作为重点装饰。大量采用镶嵌细工，这是一种运用不同颜色的饰面薄板拼贴于家具表面的工艺。为了配合宽阔的室内空间尺度，其椅子尺寸通常比较夸张，并且通体雕刻、造型对称且色泽深沉。

路易十四时期椅子与路易十三时期椅子近似的地方表现在相同的方正高靠背，椅背和座面均饰以软垫。但是路易十四椅子的扶手呈波浪状，其椅脚横杆从路易十三椅子的H形转变为X形，椅背顶部也由过去的平直演变成了弧形拱起。法国巴洛克椅脚式样包括栏杆式腿（Pied en balustre）、鞘形式腿（Pied en gaine）和卷轴式腿（Pied en console）。

◆ 餐椅

◆ 扶手椅

◆ 扶手椅

◆ 基座

◆ 瓷器柜

◆ 衣柜

◆ 沙发

◆ 抽屉柜

◆ 抽屉柜

◆ 餐桌

◆ 边桌

◆ 脚凳

◆ 咖啡桌

◆ 书桌

◆ 书桌

◆ 靠墙台桌

◆ 靠墙台桌

◆ 床具

(2) 灯饰

法国巴洛克风格的枝形吊灯材料常见锡**镴**或者黄铜，如蛇般蜿蜒蜷曲的杆件经常搭配无色水晶装饰；另一种较为普遍的枝形吊灯为了夸张的尺寸而采用涂金木雕。壁灯在巴洛克时期象征着奢华，通常安装在压花凸纹面的黄铜盘子上，并且从 18 世纪开始在壁灯的后面添加一面镜子来增加反射效果。

◆ 枝形吊灯

◆ 枝形吊灯

◆ 水晶吊灯

◆ 壁灯

◆ 水晶吊灯

◆ 台灯

◆ 落地台灯

（3）窗饰

法国巴洛克时期在精美的悬挂艺术方面取得显著的发展，它们包括帷幔、窗帘、装饰性垂帘和配饰（羽毛、羽饰和雕刻）等。窗户通常采用复杂的木雕窗帘盒装饰窗户顶部，帷幔式样以垂花饰加垂尾饰组成。

巴洛克风格的窗饰基本采用天鹅绒和锦缎。窗帘和布艺通常饰以镶缀和饰珠，并且采用垂纬、流苏、绶带和绳索等使其看起来更为富丽华贵。应用塔夫绸或者丝绸制作的帷帘式样宽松、精美绝伦。

巴洛克时期流行中式窗帘（Chinese Curtain）与意式窗帘（Italian Curtain）。中式窗帘强调结构、面料与装饰，是一种靠手动卷起升降、应用蕾丝或者丝带固定的遮阳帘，常饰以穗须、流苏、闪光片和金属亮片。意式窗帘轻薄、透光，是一种装饰性很强的薄纱窗帘，垂花饰或者垂尾饰帷幔与窗帘共用一根窗帘杆。

◆ 帷幔

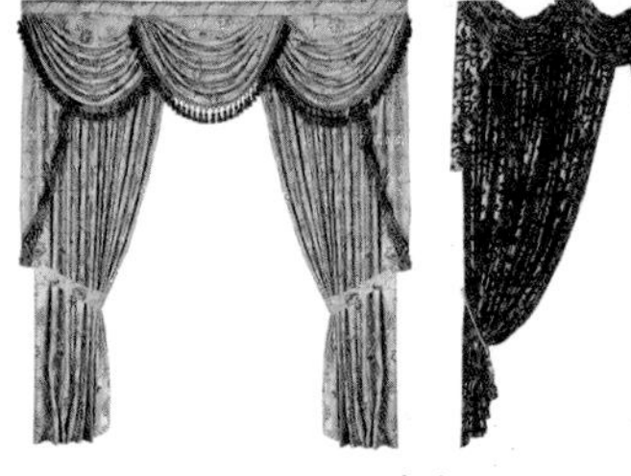

◆ 窗帘

（4）床饰

传统巴洛克的四柱床通常饰以华丽无比的天鹅绒或者锦缎的华盖、床幔和床帘。如果采用平板床，其床头板和床尾板的雕刻和浮雕均尺度夸张，充满 S 形曲线，表面饰以镀金、贴金箔或者擦深褐色后清漆。

床品为了展现出奢华、尊贵与宏伟的气势，面料往往采用天鹅绒和锦缎，色彩以强烈的对比色为主，比如紫色和赭色或者靛蓝和金色等。注意床品的花色与华盖、窗帘和其他布艺花色的统一。

◆ 靠枕

（5）靠枕

巴洛克风格的靠枕面料同样采用天鹅绒和锦缎，其四角常常饰以穗带，表面则以大马士革花纹图案为主。巴洛克靠枕也经常在丝绸的表面饰以刺绣大马士革花纹图案，其边沿没有饰边。

（6）地毯

为了让房间增加温暖并软化装饰，巴洛克风格的室内通常铺上接近房间大小的地毯，这种地毯起源于 17 世纪，由法国人皮埃尔 · 杜邦（Pierre DuPont, 1577—1640）发现了土耳其地毯和东方地毯的编织技术，并由路易十三（Louis XIII, 1601—1643）创立的萨伏内里地毯（Savonnerie Rug）。而在其重要家具的底部和主人画像的下方则铺上小块波斯地毯（Persian Rug）。

◆ 萨夫内里地毯

（7）墙饰

一个完整的法国巴洛克风格少不了表现1600—1750时期巴洛克风格的壁毯和油画。油画须选用雕刻复杂并且镀金的画框，绘画内容以布伦、普桑、洛兰和图尔等画家的作品为主。造型对称、尺寸硕大、边框雕刻繁复并且镀金或者贴金箔的镜框是巴洛克风格必不可少的墙饰之一，通常悬挂于壁炉架或者走道尽头的靠墙台桌之上。

华丽的壁毯常用于装饰重要的房间（如客厅）。路易十四时期的戈贝林壁毯（Gobelin Tapestry）成为发展巴洛克风格的强大推动力，之后法国政府又创立了博韦壁毯（Beauvais Tapestry）。这两间壁毯工厂生产的、以延续经典和军事题材为主题的壁毯成为巴洛克风格壁毯的标志性织品。此外，诞生于16世纪高贵的里昂天鹅绒（Lyons Velvet）也是巴洛克风格主要的织品之一，戈贝林织锦和里昂天鹅绒常用作巴洛克风格家具的椅套或者沙发套面料。

◆ 镜框

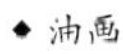

◆ 油画

（8）桌饰

巴洛克风格的桌面上总是十分克制不让它过于堆砌，仅选用只属于高贵阶层的饰品，比如金光闪闪的三足烛台。为了使烛台看起来更加宏伟，经常采用木雕后表面镀金或者贴金箔。此外，桌面上也少不了半身或者全身大理石雕像，注意雕像的主角通常为“太阳王”路易十四。

诞生于16世纪的荷兰代夫特陶器（Delftware），以模仿中国青花瓷的蓝白色调为其特色，是巴洛克时期流行的饰品之一。源自于东方的漆器和瓷花瓶都是巴洛克时期很受欢迎的饰品。

◆ 烛台

◆ 烛台

◆ 相框

◆ 托盘

◆ 座钟

◆ 大理石圣婴雕像

◆ 大理石路易十四雕像

（9）花艺

巴洛克时期的花艺常见于油画和壁毯的图形中。早期的花艺通常布置得十分饱满，呈对称的半卵形，花色对比强烈，并且让鲜花和藤蔓四溢。到了巴洛克晚期，人们常将鲜花和绿植编织成非对称的 S 形或者是月牙形曲线。传统的巴洛克风格花艺如同为油画创作而精心布置的一样，比例协调，花束紧凑。常用的花材包括银莲花、康乃馨、丁香花、罂粟花、金鱼草和郁金香等。

总体来说，巴洛克风格室内装饰仅在重要部位布置花艺。花器的材质以青铜、陶瓷和大理石为主。整体造型对称、夸张、庄严而雄伟，以带双耳类似法式酒杯的造型最为常见。表面饰以大量浮雕和彩绘，并且常常在边沿、底座和把手等重要部位镀金或者镀银。

◆ 花瓶

（10）餐饰

巴洛克风格的桌布和桌巾通常采用天鹅绒和锦缎，纯白的餐巾和餐垫上面经常采用金丝手工刺绣涡卷形图案，只有这样华丽的织品才能够衬托出桌面上精致的瓷器、水晶杯和银器。餐桌的正中央往往摆放一个造型平坦的银质或者瓷质花器，但是不会把餐桌布置得满满当当。

餐桌布置比较正式，餐巾卷成蛋筒状套在银质的餐巾环里，然后再摆在餐盘的最上面。餐盘的上面通常放汤盘，其左侧分别摆肉叉或者鱼叉和生菜叉，右侧放牛肉餐刀或者鱼餐刀（注意刀锋朝内），然后是汤勺。餐盘的左上方是甜点勺和奶酪刀，右上方分别是红葡萄酒杯和白葡萄酒杯。巴洛克式酒杯常常采用中世纪时被认为耶稣在最后的晚餐当中使用的圣杯（Holy Grail）式样，它们一般为银质或者水晶材质，有些圣杯的表面甚至会镶嵌宝石来彰显主人的高贵地位。

巴洛克风格闪烁着象牙白釉色的瓷质餐具造型庄严而又高贵，其表面饰满复杂的浮雕，但是没有彩绘。刀叉通常采用纯银或者不锈钢打造，特别是刀叉的手柄部分雕刻繁复而华丽，其中以有着超过 150 年历史的华莱士银匠（Wallace Silversmiths）出品的巴洛克刀叉比较著名。其主要特征为：汤勺柄端饰以五瓣花朵，餐叉柄端饰以水仙，而餐刀柄端则饰以玫瑰。

◆ 圣杯

◆ 瓷盘

◆ 银质刀叉

第十章 | chapter 10

法国洛可可风格

French Rococo Style

1、起源简介

（1）背景

◆ 巴黎苏比斯酒店

1715—1723 年，在路易十四去世之后与路易十五（Louis XV, 1710—1774）登基之前期间，摄政王奥尔良公爵（Regency of the Duc d' Orleans, 1674—1723）由于不喜欢凡尔赛宫里的繁文缛节而将办公地点搬到巴黎这座更轻松、自由的城市。一种以追求洛可可特质的新奇、灵活和优雅为基调的上流社会开始形成并流行开来。由于艺术家和工匠们不再需要为凡尔赛宫服务，一种为追求温馨舒适的巴黎贵族和称作布尔乔亚（Bourgeois）的中产知识分子阶层创造的新装饰式样开始流行，被称为摄政风格（Regency Style）的家具也随之而诞生，成为洛可可风格诞生的前奏和巴洛克向洛可可风格的过渡产物。

路易十四时期的好大喜功和连年征战所带来的财政危机迫使摄政王朝不得不精简开支。摄政时期不再讲究宏伟的排场，开始注重舒适、优雅与实用功能，具有女性化的倾向，充满都市品味。摄政风格家具开始大量出现凸凹有致的曲线，轻巧的尺度适合于巴黎住宅的小空间。巴洛克时期流行的 X 形椅脚横杆不复存在，椅背也不再全部用软垫包裹，边缘露出更多的木材本色，而且椅背比较向后倾斜以方便巴黎女士的使用。摄政风格大约于 1720 年被正式的洛可可风格所取代。

在这种反对巴洛克风格的宏伟壮观、对称造型和严格规范的思潮影响之下，早期洛可可艺术家们开始寻找一种更开明、更华丽和更优雅的艺术形式。最终诞生了一种前所未有的建筑与艺术形式，其色彩滑腻、柔和，整体造型非对称，整体感觉活泼、俏皮，更有节制地应用曲线与镀金。洛可可风格显得那么的感性与蜿蜒，其轻佻与无聊的生活方式，也反映在其装饰艺术的每一根线条当中。

法国洛可可风格诞生于 18 世纪路易十五执政时期的法国，“洛可可”这一名词结合了法语的 rocaille（岩石）与 coquilles（贝壳），象征着岩石和贝壳那样自然弯曲的曲线，以及意大利语的 barocco 或者是巴洛克风格。法国洛可可风格紧接着晚期巴洛克风格出现，并于 18 世纪 30 年代达到顶峰，因此它也常被认为是晚期巴洛克风格的延续。

尽管洛可可风格通常被认为主要表现在装饰艺术与室内设计领域，事实上洛可可风格最早起源于由意大利建筑师波洛米尼

◆ 蓬巴杜夫人

（Borromini, 1599—1667）和瓜里尼（Guarini, 1624—1683）设计的晚期巴洛克风格宗教和宫殿建筑。

古典装饰式样常常伴随着建筑式样而发展、变化着，由于前所未闻，当时的评论家们认为它是轻浮而无用的装饰式样。洛可可风格是一种无拘无束的装饰式样，其特征表现为莨苕叶形、非对称、C 形与 S 形的涡卷，以及各种自然形态的图案，从而产生出极其奢华的装饰效果。这种装饰风格被艺术家和工匠们广泛接受，并且体现在其创作的奢侈品、陶器、豪华家具和银器之上。

法国洛可可风格的非对称造型源自于自然界的植物、贝壳、云彩和花卉的曲线，同时也受到来自于中国的东方艺术影响。方正矩形均被各种曲线所取代，不过仍然继承了巴洛克风格追求繁复的眷恋情结。因为洛可可风格源自于巴洛克风格，两者之间既存在着许多相似点和共同点，又有着许多显而易见的区别，比如洛可可家具有着更轻巧的造型和更纤弱的细节与曲线，特别体现在椅腿部位。

相对于巴洛克风格和文艺复兴时期而言，洛可可风格显得更淡雅，也更繁复，这主要体现在其雕刻和镀金的装饰表面上。洛可可家具仍然注重镶嵌细工和镶木细工，同时铜锌锡合金的镀金技术也大量应用在家具的把手和五金，以及烛台和枝形大烛台之上。洛可可时期的室内流行镜框悬挂或者搁置在壁炉架上的特征，而且喜欢应用靠墙台桌。雕刻成非对称自然波浪形的座钟、挂钟和烛台成为洛可可风格的标志性饰品。

18 世纪中叶，法国出现大批新兴的中产阶级，由此带动了漂亮与精致房屋的需求量。那些曾经属于权贵的奢侈品也开始受到新兴中产阶级的普遍青睐，他们希望通过极富个性的家庭装饰来炫耀其品位与财富，这极大地刺激了洛可可风格家具和其他相关饰品的设计、制造与发展。

贵妇人是 18 世纪推动洛可可风格发展并使其充满女性魅力的原动力，洛可可风格是她们展示自己才华的最佳舞台。其中的代表人物包括法国的蓬巴杜夫人（Madame de Pompadour, 1721—1764）、奥地利的玛丽亚 · 特丽萨女皇（Maria Theresa in Austria, 1717—1780）、俄国的伊丽莎白女皇（Elizabeth of Russia, 1709—1762）和俄国的凯瑟琳女皇（Catherine the Great, 1729—1796），她们引领了几乎当时整个欧洲上流社会的时尚潮流。洛可可沙龙成为 18 世纪早期巴黎上流社会的活动中心，而巴黎则是欧洲社交活动的中心，洛可可风格在很大程度上是为这个活动中心而存在。几乎可以确定，没有这些贵妇人就没有洛可可风格生存与发展的土壤。

由于对物质无止境的追求，导致路易十五执政晚期法国经济开始衰退。在情妇蓬巴杜夫人的影响之下，国王决定消减宫廷过度奢华的开销，这一决定直接消弱了洛可可风格的影响力，因此也减少了镀金、铜雕、镶嵌细工和镶木细工的使用，不过这并未消弱洛可可风格的艺术性与创造性。蓬巴杜夫人不仅主导了法国洛可可风格，也促使巴黎文化与艺术从此成为欧洲上流社会与社会精英追逐的标杆。可惜蓬巴杜夫人生前无缘住进小特里阿农宫，而是由其继任者——杜巴利夫人成为小特里阿农宫的首任主人。

风靡一时的洛可可时代随着蓬巴杜夫人的亡故而画上了句号，取而代之的是由路易十五宠爱的另一位情妇杜巴利伯爵夫人（Comtesse du Barry, 1743—1793）所偏爱的新古典主义。18 世纪后半程以直线型著称的路易十六风格（Louis XVI Style）成为主流，随之而来的由拿破仑缔造的帝国风格（Empire Style）所带来的法国新古典主义运动（The French Neo-classicism）大行其道，从此正式结束了洛可可风格的历史使命。

（2）人物

◆贾斯特 · 奥立勒 · 梅索尼埃（Juste Aurele Meissonier, 1695—1750）。洛可可时期法国金匠、雕塑家、画家、建筑师和家具设计师，是法国洛可可风格发展过程中的重要贡献者之一，也是法王路易十五指定的御用家具设计师。梅索尼埃不仅设计房屋，为室内墙面进行彩绘装饰，同时还设计家具、烛台、银器和玻璃器皿等，在洛可可风格装饰领域取得了极大的知名度。

◆老吉恩 · 伯任（Jean Berain the Elder, 1637—1711）。法国制图员、设

计师、画家和装饰雕刻师。由伯任创造的、以阿拉伯式花纹和戏谑的奇形怪状为特征的所谓“伯任风格”（Berainesque Style）是法国摄政时期的基本元素，它们后来也成为洛可可风格的基本元素。伯任为国王设计过宫廷游船的外部装饰，还为法国巴洛克作曲家让·巴普蒂斯特·吕利（Jean-Baptiste Lully, 1632—1687）设计过舞台布景和剧院。

◆尼古拉斯·皮诺（Nicolas Pineau, 1684—1754）。法国雕刻师和装饰设计师，是法国洛可可风格颠峰时期充满生气的非对称阶段的引导者。皮诺的作品充分体现在雕刻方面，其栩栩如生的装饰手法普遍应用于法国室内装饰，这一象征性的“巴黎风格”（Parisian Style）传遍了整个欧洲。早在梅索尼埃之前，皮诺就在其室内设计当中广泛应用了至关重要的创新，并且为当时的法国装饰艺术新风尚树立了典范。代表作品包括马蒂尼翁府（Hotel de Matignon）和维拉尔府（Hotel de Villars）。

◆雅克·昂热·加百利（Jacques Ange Gabriel, 1698—1782）。法国洛可可时期最杰出的建筑师，1728年成为皇家建筑学院的成员，1735年成为作为凡尔赛宫首席建筑师父亲的主要助手，并于1742年接替其父亲的职位成为法国的首席建筑师，这一地位在路易十五执政时期一直保持。加百利在规划和细部方面的理性思维模式促使他从洛可可风格向新古典主义转变。加百利为路易十五的情妇——蓬巴杜夫人设计小特里阿农宫（Petit Trianon）成为法国古典主义的一块瑰宝；他还完成了凡尔赛宫扩建工程和内部重新装修工程。

◆让·安托万·华铎（Jean-Antoine Watteau, 1684—1721）。法国洛可可时期著名画家，重新振兴已经淡出的巴洛克画法，选用优美、流畅、柔弱而优雅的笔触，采用比巴洛克风格更淡雅的色彩和更柔和的线条。华铎创造了“宴游式”风俗画，其内容主要表现为田园牧歌和田园诗般的魅力，充满了戏剧化的夸张气氛，有些主题来自于意大利喜剧和芭蕾舞剧。在18世纪的艺术家当中，华铎不仅影响了美术领域，还包括装饰艺术、服装、电影、诗歌和音乐领域。华铎的画风一扫巴洛克风格散发的悲哀与死亡的阴影，转而表现追求爱情与欢乐的主题，大多呈现上流社会户外娱乐或者消遣的景象。其代表作品包括《西苔岛的远游》（*Pilgrimage to Cythera*）、《发舟西苔岛》（*The Embarkation for Cythera*）、《热尔森画店》（*L'Enseigne de Gersaint*）和《杰尔桑的招牌》（*Shop-sign of Gersaint*）。

◆弗朗索瓦·布歇（Francois Boucher, 1703—1770）。法国洛可可时期著名画家，洛可可品位的倡议者，其绘画内容糅合了田园牧歌和骄奢淫逸的古典主题，表达装饰性的讽喻，或者田园牧歌式的消遣。布歇大概是18世纪最著名的装饰艺术家。除了绘画，还设计戏服和舞台布景，甚至包括设计壁毯图案。代表作品包括《蓬巴杜夫人肖像》（*Portrait of Madame de Pompadour*）和《玛丽·路易丝·墨菲肖像》（*Portrait of Marie-Louise O'Murphy*）。

◆让·奥诺尔·法兰格纳（Jean Honore Fragonard, 1732—1806）。法国画家、制图员和版画家，其洛可可晚期的画风以卓越的技巧、勃勃的生机和享乐主义为主要特征。法兰格纳的画风涌动流畅、充满生气，代表着法国启蒙运动的自由与探索精神，是由华铎和布歇创立的洛可可画风向更精致方向的延续。其画面沉浸在一片情色与爱家的愉悦之中，代表作品包括《牵狗的贵妇肖像》（*Portrait of Woman with a Dog*）和《林边聚会》（*A Gathering at Woods' Edge*）。

◆让·巴普蒂斯特·西梅翁·夏尔丹（Jean-Baptiste-Simeon Chardin, 1699—1779）。18世纪法国专长于静物画的画家，也是擅长于描绘厨房女佣、儿童和家庭活动等内容的风俗画家。夏尔丹运用粒状厚涂画法描绘出的、精心布置的画面弥漫在一缕柔软的漫射光晕之下，代表作品包括《光线》（*The Ray*）和《玩陀螺的男孩》（*Boy with a Top*）。

◆ 华铎的作品

◆ 布歇的作品

2、建筑特征

（1）布局

法国洛可可艺术主要体现在室内装饰、金属加工、陶瓷艺术和家具设计等方面，在建筑设计方面并无多大建树。不过在德国、奥地利、西班牙和俄国等国的居住建筑当中得到广泛的传播和应用。建筑平面布局以长方形为主，或者不规则对称布局。

（2）屋顶

洛可可时期仍然流行巴洛克风格的复折式屋顶，也称作“孟萨屋顶”（Mansard Roof）。比较平缓的屋面上很少出现老虎窗。屋檐出挑很浅，也看不见檩条或者木梁。砖砌烟囱被巧妙地隐藏起来。不过缓坡屋顶檐口之上的巴洛克风格常用的石雕栏杆式女儿墙常常被实体女儿墙所取代，表面饰以浮雕。女儿墙顶上面依然常见石雕花盆（包括石雕植物或者花卉），或者女人体雕塑。

（3）外墙

砖砌外墙进行灰泥粉刷处理，表面常用粉色系和金色，结合来自大自然的树木、树叶和贝壳图形。有色的墙面与白色的石雕门窗框形成微妙的色彩对比，整体外观显得轻快柔弱、优雅清淡，采用柔和的浅粉色调使其看起来像个奶油蛋糕。建筑立面依然采用对称式设计，但是雕刻细节方面常见非对称造型。

（4）门窗

◆ 外窗

◆ 入户门

洛可可式窗户仍然喜欢山墙窗（Gable Window），即窗户顶部安装有三角形饰物或者涡卷形挑篷，窗户本身常用拱形窗。洛可可时期石雕门窗框相对巴洛克时期门窗框的雕刻要轻盈和秀气很多，入户大门更喜欢采用与窗户一样的镶嵌玻璃格，只是大门尺寸比窗户尺寸稍微加大一些，雕刻内容也大不相同。大门表面色彩与窗户表面色彩通常一致。

3、室内元素

◆ 墙面

◆ 地面

◆ 顶棚

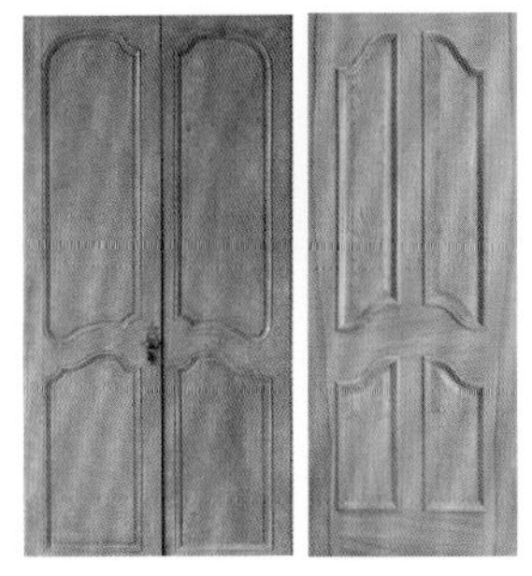

◆ 木门

◆ 楼梯

（1）墙面

不同于巴洛克时期，洛可可风格室内设计由工匠与设计师而非建筑师决定一切，这也是首次有计划地运用了室内设计的概念。虽然法国洛可可风格仍然保持了巴洛克风格追求繁琐造型和复杂图形的基本品味，但是洛可可风格一改巴洛克风格繁复的柱式和壁柱与厚重的镶板和壁炉饰架，变成精美细致、非对称的石膏线条与纤细的檐口线，与单色的平顶棚形成对比。

洛可可风格采用石膏涂金技术的浅浮雕应用于墙面、檐口和顶棚等处，整体造型以非对称的自然形态、从 C 形与 S 形变化而来的曲线和反曲线，以及连续的椭圆形线条为其主要特征，自然形态包括花卉、贝壳、鸟类、花环和天使等。洛可可风格的墙面大量运用镜面，强化空间的开敞感，也让水晶吊灯的光影在镜子的反射之下变得更加绚丽多彩、扑朔迷离。

洛可可风格偏爱较小的房间，应用更少的镀金装饰，也采用更少的浮花织锦，使房间更具亲密感和温馨感，同时人们开始注重私密性，这一点与巴洛克风格有本质性的区别。

（2）地面

相对于巴洛克风格，洛可可风格的室内地面更喜欢采用精细的抛光镶木地板（Parquetry）。这是一种利用不同木材的不同颜色拼贴出三维立体视觉效果的地面铺贴技术，拼贴图案以方形和菱形最为常见。

（3）顶棚

洛可可风格抛弃了所有的直线条，也不遵循古典装饰法则和构造，传统的檐部已经消失，取而代之的是简单的类似于门套线的顶棚框缘。顶棚的石膏涂金浅浮雕大多出现于与檐口接近的范围，浅浮雕很少将整个顶棚铺满。

洛可可风格的顶棚通常呈圆角形；其比例比较之前的做法缩小到更为亲切和接近人体尺度。墙角和顶棚常常呈圆弧形过渡。

（4）门窗

洛可可风格在建筑方面并没有什么特点，相对巴洛克风格建筑来说也比较朴实，很多洛可可风格的室内装饰也是在巴洛克风格的建筑内部进行，所以其门、窗式样基本继承了巴洛克和更早时期的门、窗式样。

典型的洛可可风格窗户分隔条也常呈曲线。其窗户顶部常常应用拱形木雕窗帘盒和装饰性垂纬，以及长及窗户高度 2/3 的装饰性垂纬。

（5）楼梯

洛可可风格楼梯仍然采用实木打造，自立式的弧线形楼梯流行于洛可可时期。虽然洛可可风格栏杆仍然采用精巧雕刻的橡木栏杆或者更复杂的锻铁栏杆，但是已经失去了强烈的视觉冲击力，并且已经没有巴洛克时期那么雄壮有力，表现得更为纤细和柔和。

（6）橱柜

洛可可风格的橱柜整体上与巴洛克风格的橱柜相似，不过洛可可橱柜比例和线条要苗条和纤细很多。吊柜顶部常见拱形山花檐口，柜体表面采用擦褐色后清漆和白色或者浅色油漆处理。吊柜柜门包括实心门和玻璃门，地柜采用浅色大理石台面。

（7）五金

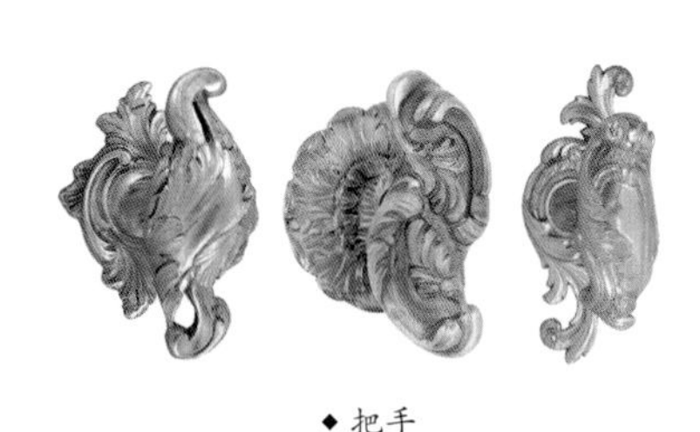

◆ 把手

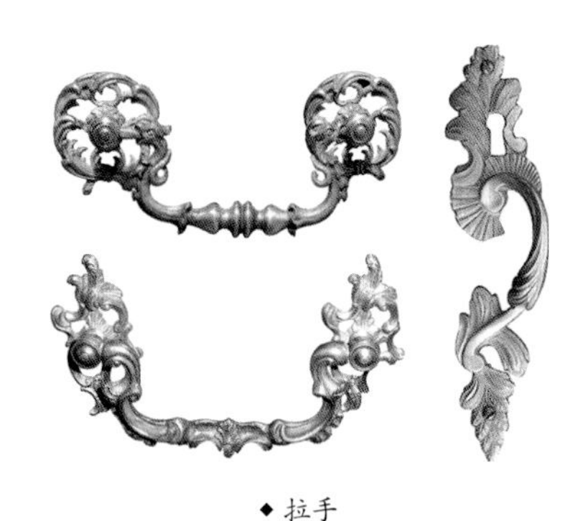

◆ 拉手

洛可可风格常见纽扣形把手，其表面饰以植物叶片或者花瓣的浅浮雕，以及贝壳拉环形和植物叶片形拉手，材质包括青铜或者镀金黄铜。

（8）壁炉

◆ 壁炉罩

◆ 大理石壁炉架

◆ 大理石壁炉架

洛可可风格壁炉是巴洛克风格壁炉的延续，但是与巴洛克风格不同的是，洛可可风格壁炉充满了女性的柔美曲线和娇弱纤细之美。和巴洛克风格一样，洛可可风格壁炉也是整个室内空间的点睛之笔。由于玻璃制造技术的提高，使得在壁炉架上采用镜框装饰的装饰手法变得越来越普遍。洛可可壁炉罩常见青铜镀金、黄铜镀金和木雕涂金这三种式样。金属壁炉罩框内镶嵌网筛，木质壁炉罩框内镶嵌羊毛织锦。壁炉罩大多呈单片非对称造型。

（9）色彩

相对于巴洛克风格喜欢浓艳的色彩和深沉的色调，洛可可风格更偏向于柔和的色彩和苍白的色调。洛可可风格喜用粉红色、白色、黄色、天蓝色、淡绿色和象牙色与米色和金色的混合。粉色的背景墙面与金色的浅浮雕对比被广泛应用于洛可可风格的墙面与顶棚。

柔和的色调、活泼的曲线与过度的金饰有助于增加空间的亲近感，营造温馨氛围，培养高贵的素养。典型的洛可可色系包括蓝色系、翠绿色系、黄绿色系、粉红色系、金色系和米白色系。淡黄色的米白色被称作宫廷奶油（Palace Cream）。

洛可可风格喜爱应用的色彩还包括云白色（Cloud White），其实它是一种非常淡的绿色；粉绿色是一种混合了灰色和亮黄绿色的色彩；法国灰色（French Gray）是指中浅调的翠绿灰色；苹果绿色即鲜亮黄绿色；东方金色是一种源自于东方艺术品中呈绿色调的金色。

蓝色系包括塞佛尔蓝（Sevres Blue）——一种应用于瓷器的中等色调柔和蓝绿色；蓬巴杜蓝（Pompadour Blue）——一种中等色调的紫罗兰色并带有一点灰色；法国淡紫（French Lilac）—— 一种中等色调的蓝紫色和法国绿松石（French Turquoise）—— 一种中等色调的蓝绿色。

粉红色系包括粉红（Powder Pink）——一种掺杂了很少量灰色的粉红色；蓬巴杜玫瑰红（Rose Pompadour）——一种强烈的深粉红色和杜巴利红（Du Barry Red）—— 一种带橘红色调的蓬巴杜玫瑰红。

（10）图案

中式艺术风格源自于从中国和日本出口至欧洲的瓷器、丝绸和漆器，带有中式艺术风格的图案出现于洛可可风格盛行期间，至今仍流行于陶瓷、纺织品、绘画、壁纸和家具的设计当中，它们常常以半想象中的东方风景、宝塔和亭子、神鸟、龙和中国人的形象出现。洛可可风格主要的图案包括贝壳、花环、莨苕叶与其他植物叶状，以及与中国有关的主题。

洛可可风格的C形和S形涡卷曲线模仿自字母C与S；状似贝壳的图形有时像带褶边的雕刻，有时又像水状或者侵蚀的岩石。莨苕叶是洛可可风格最基本的图形之一，不过洛可可风格的莨苕叶属于程式化版本而非写实版本。

4. 软装要素

（1）家具

洛可可时期最具代表性的法式家具包括：

① Armoire——双门或者四门衣柜，其顶部常常呈圆弧形拱起；

② Bergere——法式软垫扶手椅，其椅背顶部呈圆弧形拱起，扶手装软垫；

③ Bombe——球面抽屉柜，其正面呈弧形向外凸出；

④ Cheval——高穿衣镜，其两侧装于带八字形柱脚的直立架；

⑤ Chinoiserie——中式家具，其式样造型与装饰图案源自于中国；

⑥ Ecran——屏风，其遮蔽式家具概念源自于中国；

⑦ Fauteil——无扶手椅，其椅背饰以钉扣软垫，坐面饰以拱起软垫；

⑧ Lit a la Polonaise——波兰式床，其床帘升起与居于床具正中央的华盖结合；

⑨ Secretaire——写字桌，其翻盖式台面控制开启和关闭；

⑩ Tabouret——小脚凳，其坐面饰以钉扣软垫。

洛可可时期开始将家具视作室内统一效果的重要元素，事实上，许多洛可可风格家具都是为室内设计而定制。无论是抽屉柜、镜框，还是靠墙台桌的形状与位置均与墙面装饰线条相对应。

路易十五时期开始抛弃路易十四时期盛行的、相当傲慢与夸张装饰的巴洛克风格家具，特别是在 1720—1730 年期间，巴洛克风格向洛可可风格的转变达到顶峰。洛可可风格家具以曲线为主要特征，大量采用交织的贝壳、植物与花卉的图形、C 形与 S 形的涡卷、卡布里弯腿（Cabriole Leg）以及涡卷形脚。其表面大量运用由不同木材拼贴的镶嵌木工技术。

蓬巴杜夫人对于洛可可风格家具影响比较大，正是她鼓励路易十五在建筑、家具与装饰领域进行大刀阔斧地改革，将洛可可风格的精致优美与梦幻浪漫的特点发挥到极致。蓬巴杜夫人喜爱的塞佛尔彩绘瓷板（Sevres Porcelain Plate）常用于装饰桌面和其他洛可可家具之上。

洛可可风格家具看似轻松愉快，实际上也是如此，它已经演变成了舒适与多功能的标志。它是法国新兴中产阶级需求的真实反映，为了适应于当时中上层社会盛行的沙龙社交活动，洛可可家具被设计成移动式独立家具，家具布置开始变得更为灵活、自由。

由于富有阶层能够消费得起来自东方的昂贵商品，有些家具应用中国漆器技术，还有些家具应用黄铜或者黄金。沙发和椅子应用从东方进口的、色泽艳丽丝绸和浮花织锦作为座套。洛可可家具变得更为轻便而小巧，同时非对称成为洛可可家具的标志性符号。

这个时期也产生了一批独特的家具，比如安乐椅（Fauteuil Chair）、窥视椅（Voyeuse Chair）和贡多拉椅（berger en gondola）等，这些家具的变化还包括分离式软垫扶手、延长的软垫椅背和松散的靠枕等。路易十五时期开始出现专门供人娱乐的家具（如游戏桌），以及专门供女士使用的家具（如贵妃椅、梳妆台）和秘书桌等。

◆ 扶手椅

◆ 扶手椅

◆ 衣柜

◆ 床头柜

◆ 贵妃椅

◆ 公爵夫人扶手椅

◆ 软垫长凳

◆ 沙发

◆ 屏风

◆ 抽屉柜

◆ 抽屉柜

◆ 床具

◆ 床尾垫

◆ 靠墙台桌

◆ 餐桌

◆ 书桌

◆ 梳妆台

◆ 写字台

◆ 脚凳

（2）灯饰

洛可可风格灯饰的外观比巴洛克风格灯具更具装饰性。典型的洛可可灯具同样强调体现来自自然形态的非对称造型，这些自然形态包括花卉、橡树子、植物叶和藤本植物等，它们呈攀援而上形成流动有机的仿自然形状。

洛可可风格灯饰采用纯黄铜、青铜或者锡镴铸造的灯具杆件，经过镀金处理，通常饰以无色水晶或者刻花玻璃坠饰，同样的材料也应用于壁灯与台灯。

◆ 水晶吊灯

◆ 水晶吊灯

◆ 枝形吊灯

◆ 枝形吊灯

◆ 壁灯

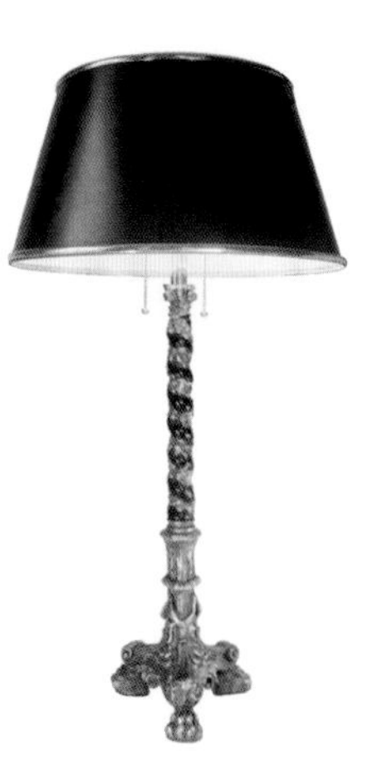

◆ 台灯

◆ 壁灯

（3）窗饰

法国洛可可时期的纺织品虽然减少了使用量，但是依然热衷于应用天鹅绒和浮花织锦。其窗帘和布艺依然饰以镶缀和饰珠，也沿用巴洛克时期的垂纬、流苏、绶带和绳索等。洛可可风格喜欢从顶到地、层层叠叠的纺织品来营造出梦幻般的浪漫氛围。

洛可可帷幔式样以垂花饰为主，帷幔和窗帘盒继续巴洛克时期的曲线。在带有束带窗帘的后面通常采用透明的巴黎遮阳帘而非透明薄纱窗帘。窗帘盒上采用刺绣锁边，中间经常出现贝壳或者花卉图形的刺绣，另一种经常出现的刺绣图形则来自于中国和东方的艺术结合。

◆ 帷幔

◆ 窗帘

（4）床饰

洛可可时期几乎不再采用四柱床，带床头板和床尾板的平板床成为主流。采用桃花心木制作的洛可可床具看起来与巴洛克床具相差无几，最大的区别体现在两者略有不同的雕刻尺度和曲线弧度。相对于巴洛克风格强调色彩对比强烈的布艺花色搭配，洛可可风格的布艺花色要淡雅和柔美得多。

洛可可风格的床品以丝质面料为主，表面同样采用大马士革花纹图案，色调淡雅而浪漫，与房间整体布艺色调一致。通常床罩或者被子与枕头的面料花色繁简程度成反比，比方说床罩花色复杂则枕头单色或者条纹，反之亦然。同样地，床品色调也应该与床具色调成反比，这样的卧室看起来不会那么单调。

◆ 靠枕

（5）靠枕

洛可可风格靠枕的面料喜欢采用天鹅绒、浮花织锦、锦缎和丝绸，色调淡雅而高贵。表面依然喜爱选用大马士革花纹图案，通常没有边饰。有时候为了利用靠枕增强房间的色彩对比度也采用深色的靠枕面料，如深蓝色或者深紫色等。

（6）地毯

洛可可风格的镶木地板上通常铺上来自东方的小块地毯、法国萨伏内里（Savonnerie Rug）手工栽绒地毯，或者是源自于北非摩尔人的织毯技术并发展于15世纪法国的奥比松地毯（Aubusson Rug），几乎成为洛可可时期王公贵族家庭地毯的首选。不过今天模仿萨伏内里或者奥比松地毯的绒头地毯大多产自印度和中国，并且被称之为印－奥比松地毯（Indo-Aubusson Rug）。

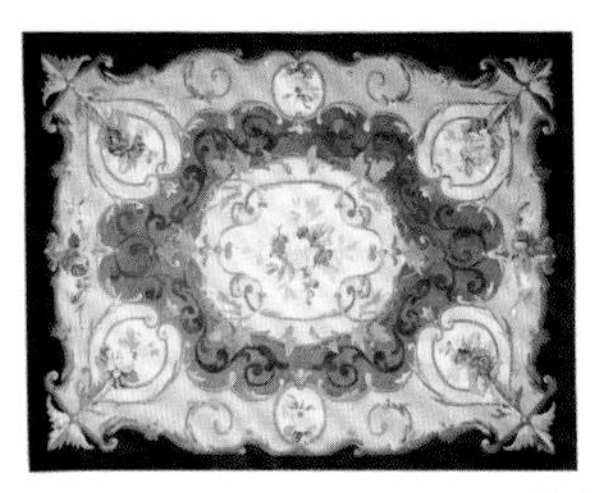

◆ 奥比松地毯

◆ 萨夫内里地毯

（7）墙饰

洛可可风格的饰品包括镀金挂钟和镜框。绘画内容包括人物肖像、梦幻般的贵族郊游场景、田园牧歌景色、小天使与爱情神话等。具中式艺术风格的瓷质小塑像和装饰性镀金镜框是洛可可时期标志性的饰品之一。

盛行于巴洛克时期的戈贝林壁毯（Gobelin Tapestry）仍然盛行于洛可可时期，不过内容以布歇和普桑（Nocolas Poussin, 1594—1665）等名画师的作品为主；戈贝林壁毯既是法国皇室馈赠外国贵宾的贵重礼品之一，也常用于装饰高贵家庭洛可可风格室内墙面。

◆ 挂钟

◆ 镜框

◆ 镜框

◆ 油画

（8）桌饰

洛可可风格典型的桌饰包括镀金烛台、银质烛台和镀金座钟。烛台和座钟以非对称造型为主要特征。由梅索尼埃设计的一款结合草茎形支架和花朵形蜡烛托盘的非对称烛台是洛可可风格标志性桌饰之一。

1753 年，蓬巴杜夫人鼓动路易十五掌控了创立于 1740 年的万塞讷（Vincennes Porcelain）瓷器厂，后被搬迁至塞佛尔（Sevres），从此手工绘制精美绝伦的塞佛尔瓷器是当年王公贵族们爱不释手的瓷器，也成为洛可可风格标志性的桌饰之一。

◆ 果盘

◆ 储藏罐

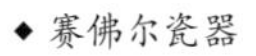

◆ 赛佛尔瓷器

◆ 托盘

◆ 相框

◆ 相框

◆ 烛台

◆ 座钟

◆ 花瓶

（9）花艺

洛可可时期的花艺造型特征为非对称式并充满 S 形曲线，基本呈疏松的椭圆形。花材往往纤弱轻盈。相比巴洛克风格花色对比强烈的花材，洛可可风格的花色比较淡雅、精致，通常选用单色鲜花。常用的花材包括丁香花、飞燕草、牡丹、罂粟花、郁金香、蕨叶和金银花等。

除了瓷质花器，洛可可时期还出现玻璃、水晶和青铜花器。其瓷质花器呈典型的非对称造型，经常以海豚抱贝壳、丘比特或者牧羊人的形象作为花器的基座。此外还有碗形、篮形和多层果盘形的花器造型，其表面饰以色彩艳丽的彩绘。

◆ 酒杯

◆ 银器

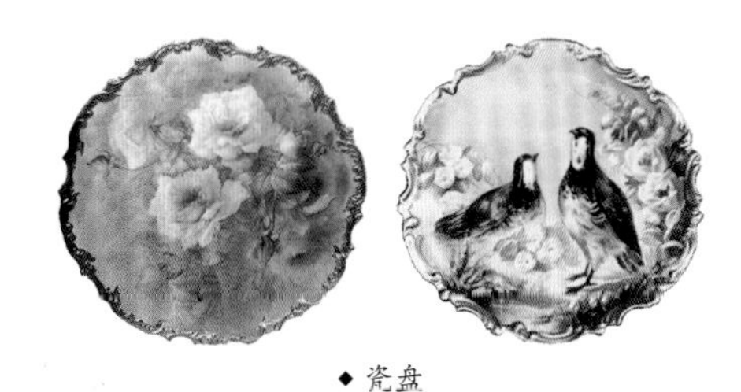

◆ 瓷盘

（10）餐饰

洛可可风格的餐饰不一定需要桌布，甚至也不需要餐巾和餐垫，因为餐桌需要显露出其表面精美的木纹。餐桌的正中央可以放上一盆插在镀金瓷质花器中色彩淡雅的鲜花，在其左右各摆一支银质烛台。

洛可可餐桌的布置也比较正式，餐巾卷成蛋筒状套在银质的餐巾环里，然后摆在餐盘的表面或者桌面。在餐盘的左侧分别摆银质肉叉或者鱼叉和生菜叉，右侧放银质牛肉餐刀或者鱼餐刀（注意刀锋朝内），然后是汤勺。餐盘的左上方是甜点勺和奶酪刀，其右上方分别是水晶红葡萄酒杯和白葡萄酒杯。

洛可可风格的餐具比巴洛克风格更加充满女性的柔美和优雅，餐具的造型也常常体现出非对称的特征。洛可可的 C 形曲线比巴洛克的 S 形曲线的弧度要轻柔、温和许多。其边沿和凸出部分常常饰以镀金，表面布满浮雕以及彩绘，彩绘内容常以花卉和昆虫为主题。

◆ 银器

◆ 果盘

◆ 瓷器

◆ 瓷盘

第十一章 | chapter 11

法国新古典风格

French Neoclassical Style

1、起源简介

（1）背景

◆ 小特里阿农宫

法国新古典主义时期划分为两个阶段：

第一阶段：①路易十六继承王位之前法国流行的装饰风格被称作“巴黎风格”（Parisian Style），不过并非宫廷款式；②路易十六执政时期（1774—1792）的室内装饰与家具设计被称作“路易十六风格”（Louis XVI Style）。

第二阶段：①从路易十六及玛丽王后被处死向拿破仑一世执政过渡期间的执政内阁时期（1795—1799）出现的“执政内阁式”（Directoire Style），不过并未形成一个完整的体系；②拿破仑一世执政时期（1799—1815）由拿破仑一世所创导的“帝国风格”（Empire Style）。

1774 年法王路易十五去世，由其孙登基成为路易十六（Louis XVI, 1754—1793），接下了一个国债高筑的烂摊子，成为法兰西波旁王朝复辟前的末代悲情国王。18 世纪末是一个从追求优雅和非对称的洛可可风格向建立在简洁与对称新原则基础之上的新古典风格过渡时期。路易十六风格家具模仿自古意大利的伊特鲁里亚风格（Etruscan Style），其对新古典主义的最大贡献是用直线取代了洛可可时期家具的曲线，主要特征包括椭圆形椅背和刻有凹槽的倒锥形椅腿等，并且采用金属和陶瓷制作复杂的镶嵌雕塑装饰。

路易十六执政时期对于法国古典家具来说是一个黄金时期。为了装饰凡尔赛宫内的小特里亚农宫（Petit Trianon）闺房，玛丽王后（Marie Antoinette, 1755—1793）要求家具木工制作许多小巧玲珑的家具。路易十六本人则喜欢粉色系和奇异的木材。路易十六风格对于室内装饰和家具设计的最大贡献在于注重小空间、光感和精致细节营造出随意与亲密的氛围。

一方面，作为法国启蒙思想家、哲学家、教育家和文学家，让·雅克·卢梭（Jean Jacques Rousseau, 1712—1778）所宣扬的“最野蛮的人最干净”和“宫廷与城市是道德沦丧的罪恶之源”等启蒙思想得到了最广泛的社会响应，导致一时之间巴黎上流社会崇尚乡村审美之风盛行，就连玛丽王后都热衷于在凡尔赛宫内建农舍，扮村姑，学时尚。

另一方面，1738—1748 年期间，随着意大利庞贝古城（Pompeii）和赫库兰尼姆古城（Herculaneum）的发掘，随同出土的还有大批意想不到的完整古罗马家具，导致了全欧洲掀起一股对于古典式样狂热崇拜的浪潮。18 世纪末，伴随着令人兴奋的考古发现和对洛可可风格荒淫无度的强烈抵制，以及从政治上对古希腊和古罗马文化的兴趣与日俱增，为法国新古典风格的诞生吹响了号角。

18 世纪末法国大革命前，玛丽王后甚至在已知路易王朝即将灭亡之时依然沉迷于应用新古典风格来装饰在小特里亚农宫内的闺房。与此同时，为了削弱英国的力量，受路易十六在经济和军事上支助的美国革命获得成功，没想到反过来却直接激励了法国自身的法国大革命。法国经济频临崩溃，财政危机造成贵族们煽动大革命，最终导致路易十六和玛丽王后被法国人民送上了断头台。路易十六风格也随之画上了句号。

随后登场的执政内阁在政治上代表着新兴富豪阶层的利益，在法国新古典风格家具的发展过程中扮演着从路易十六风格向帝国风格过渡的临时角色。它摈弃了法国传统家具的制作特色，趋向于借用古希腊和古罗马的古典主义形式和图形，整体造型严肃鲜明，棱角分明，特别是模仿自古希腊的“克里斯姆斯椅”（Klismos）和古罗马的“塞拉 · 克尔里斯凳”（Sella Curulis）最为著名。家具装饰以象征革命的图案（如自由帽、矛、剑、鼓、号角和星形等）为主。执政内阁式主要由建筑师和设计师夏尔勒 · 佩西耶（Charles Percier, 1764—1838）和皮埃尔 · 弗朗索瓦 · 方丹（Pierre Fancois Leonard Fontaine, 1762—1853）所创立，它为新旧风格的更替起到了承前启后的作用。

借助其东征西战的战功和雾月政变的成功，拿破仑 · 波拿巴（Napoleon Bonaparte, 1769—1821）成功登上了法兰西第一共和国第一执政（1799—1804）、法兰西第一帝国及百日王朝皇帝（1804—1815）的宝座，史称拿破仑一世。在大获全胜的意大利战役之后，随同拿破仑一世大军一起远征埃及的学者对于古埃及文明的发掘和研究成果：源自于埃及的图形包括头像方碑、棕榈叶、人面狮身像、狮首、狮爪、女像柱与木乃伊等，它们都成为拿破仑一世日后所创导的帝国风格的参考依据和设计原型，由此在法国掀起了一股埃及热。

巴黎附近有三座与拿破仑一世所创导的帝国风格紧密相关的建筑，它们是马尔迈松城堡（Chateau de Malmaison）、大特里亚农宫（Grand Trianon）和枫丹白露宫（Chateau de Fontainebleau）。马尔迈松城堡是拿破仑一世送给他前妻约瑟芬（Josephine de Beauharnais, 1763—1814）的礼物，里面完整呈现了帝国风格的室内装饰与家具式样；大特里亚农宫是拿破仑一世与其第二任妻子玛丽 · 路易莎（Marie Louise of Austria, 1791—1847）在凡尔赛宫内的居所，完全按照帝国风格重新装饰；枫丹白露宫曾经是法国历代帝王居住、野餐和狩猎的行宫，后来作为拿破仑一世的帝国纪念物而部分按照帝国风格重新装潢。

帝国风格属于拿破仑帝国的官方艺术式样，是拿破仑一世想学古罗马帝国一统欧洲的理想主导下催生的产物，主要体现在室内装饰和家具设计之上。帝国风格的缔造者包括夏尔勒 · 佩西耶和皮埃尔 · 弗朗索瓦 · 方丹，两人经画家大卫的引荐由执政内阁式创立者摇身一变成为拿破仑一世的御用设计师，他们合著的《室内装饰汇编》成为帝国风格的设计指南。

法国新古典主义晚期，诞生于 1815 年拿破仑滑铁卢战败之后欧洲的和平时期，受帝国风格（Empire Style）影响并由德国和奥地利生产的彼德麦式（Biedermeier）家具应运而生，由于减少装饰和线条粗笨而牺牲掉了美学。彼德麦风格是第一种来自于新兴中产阶级的装饰风格，因此也代表着中产阶级追求安逸与平和的诉求，其注重实用性的设计原则以及简洁的造型对于后来的包豪斯（Bauhaus）与装饰派艺术（Art Deco）均影响深远，算得上是一种承前启后的装饰艺术。

◆ 巴黎凯旋门

受彼德麦式影响，以瑞典国王卡尔十四世约翰（Karl XIV Johan, 1763—1844）名字命名的瑞典卡尔 · 约翰式（Swedish Karl Johan Style）家具也被称之为瑞典彼德麦式家具（Swedish Biedermeier Style）。同一时期受法国帝国风格影响较深的室内装饰和家具设计风格还包括英国的摄政风格（Regency Style）和美国的联邦风格（Federal Style），后者最终演变成了美国帝国风格（American Empire Style）。

1852 年，虽然拿破仑三世（Charles Louis Napoleon Bonaparte, 1808—1873）发动政变登上法兰西第二帝国的宝座，采取铁腕政策统治法国 18 年，但是在装饰艺术和家具设计方面再无建树。家具式样基本模仿自17-18世纪的宫廷家具，迎合当时上流社会——新兴资产阶级铺张炫富的浮华心态，各式各样的旧式样充斥家具市场，史称“拿破仑三世风格”（Napoleon III Style, 1848—1920），但是并没有形成具有自己特色的家具式样。1870年，帝国风格随着法兰西第二帝国的灭亡而彻底走入历史。

（2）人物

◆克劳德·尼古拉斯·勒杜（Claude Nicolas Ledoux, 1736—1806）。法国早期新古典主义的倡导者之一，路易十六时期建筑师的杰出代表。勒杜将其建筑知识应用于建筑设计与城镇规划之中，为理想城市提出富有远见的计划——绍村（Chaux）而被称为“空想家”。勒杜的杰作均由法国权贵投资，被视为旧制度的象征而非乌托邦（Utopia）。法国大革命不仅阻碍了其事业发展也毁坏了勒杜的大量作品。勒杜在新古典主义建筑变革中的地位也因为其在著作中对于自己过去作品的修正而受到曲解。代表作品为未完工的阿尔克塞南皇家盐场（Royal Saltworks as Arc-et-Senans），这是一座理想主义和梦想中的小镇，充满着会说话的建筑（Architecture Parlante）。

◆雅克·热尔曼·苏夫罗（Jacques Germain Soufflot, 1713—1780）。世界公认的引导新古典主义的法国建筑师。苏夫罗深入思考古典风格的本质，坚决要求“严谨的线条、饱满的形式、简洁的轮廓，以及严格遵循建筑概念的细节”，与当时流行的晚巴洛克式和洛可可式建筑形成鲜明对比。其代表作品为巴黎万神殿（Pantheon），万神殿被认为是法国第一座新古典风格建筑。

◆J. H. 厄泽纳（Jean Henri Riesener, 1734—1806）。法国皇家家具木工，其作品代表着路易十六时期早期新古典主义最华丽的式样。厄泽纳和大卫·伦琴（David Roentgen, 1743—1807）均为玛丽王后最宠幸的家具木工。厄泽纳的家具突出结构，机械复杂，宏伟气派；广泛运用镶嵌细工技术来表现花形与人形，与精美的镶木细工和格子细工的底色形成对比，同时配以青铜镀金饰片。但是法国大革命期间，厄泽纳被法兰西第一共和国（督政府）送去凡尔赛宫修改他自己的作品，并且回收过去为权贵定制的家具，社会的巨变再也没有人欣赏和购买他的家具，厄泽纳晚年贫困潦倒。

◆J. F. 勒楼（Jean Francois Leleu, 1729—1807）。法国18世纪晚期家具木工的引导者，和厄泽纳同为洛可可时期著名家具木工弗朗索瓦·爱班（Jean Francois Oeben, 1721—1763）的大弟子，爱班去世之后由厄泽纳接管其作坊，后来与厄泽纳反目成仇，自立门户。勒楼的家具造型简洁，典雅庄重，制作精良。擅长于运用镶嵌细工来表现菱形、玫瑰花或者花束，经常应用赛佛尔瓷片（Sevres Porcelain）和漆器技术（Lacquer）。

◆乔治斯·雅各布（Georges Jocob, 1739—1814）。18世纪晚期法国最杰出的巴黎家具木匠之一，专为法国权贵制作饰以雕刻、彩绘和镀金的床具和坐具。雅各布早年师从路易十五至路易十六时期的椅子大师路易·德雷诺（Louis Delanois, 1731—1792），深受其新古典主义审美的影响。在洛可可风格椅子的基础之上，雅各布开发出了更丰富的椅子式样，创造出了影响深远的涡形腿、军刀形腿和栏杆式扶手柱等式样。

◆雅克·路易·大卫（Jacques Louis David, 1748—1825）。法国新古典主义画派的奠基人、推动者和实践者，被认为是18晚期至19世纪早期的卓越画家，法国大革命的积极支持者，也是法兰西第一共和国治下艺术领域的实际掌控者。从18世纪80年代开始为世界留下了许多以历史英雄人物为题材的新古典主义经典杰作，代表作品包括《荷拉斯兄弟之誓》（*Oath of the Horatii*）、《苏格拉底之死》（*The Death of Socrates*）、《萨宾妇女》（*The Intervention of the Sabine Women*）、《雷卡米埃夫人像》（*Madame Recamier*）和《马拉之死》（*The Death of Marat*）。拿破仑一世掌权之后，大卫成为拿破仑一世的首席宫廷画师，为歌颂拿破仑一世的功绩创作了《拿破仑一世及皇后的加冕大典》（*The Coronation of Emperor Napoleon and Coronation of the Empress Josephine*）和《拿破仑跨越圣贝尔纳山》（*Napoleon at the Saint-Bernard Pass*）等作品。

◆弗朗索瓦·热拉尔（Francois Gerard, 1770—1837）。法国新古典主义画家，是大卫的杰出弟子和继承人。从拿破仑一世到路易十八，热拉尔作为宫廷画家专为法国上流社会服务。其代表作品包括《普赛克第一次接受爱神之吻》（*Cupid and Psyche*）和《雷卡米埃夫人》（*Madame Recamier*）。

◆路易丝·伊丽莎白·维瑞·勒布伦（Louise Elisabeth Vigee Le Brun, 1755—1842）。18世纪路易十六时期杰出的女画家，因给玛丽王后画过肖像画而声名鹊起，她一生留下了大量代表法国新古典主义的经典肖像画；特别是以画家本人与女儿为主角的画像，整个画面充满着温柔的母爱，成为流芳千古的杰作。勒布伦擅长于运用洛可可画风来表现新古典主义题材，尽管画中的服饰属于新古典风格，但是仍然不被认为属于纯粹的新古典主义画家。法国大革命期间勒布伦在欧洲旅行，从而避开了革命风暴的冲击，保持了路易王朝优雅的洛可可情调。其代表作品包括《戴草帽的自画像》（*Self-portrait in a Straw Hat*）和《画家和她的女儿》（*Madame Vigee- Lebrun and her Daughter*）。

◆夏尔勒·佩西耶（Charles Percier, 1764—1838）。法国新古典主义建筑师、室内装饰师和设计师，与学生年代就是好友的皮埃尔·弗朗索瓦·方丹长年共事并且在设计理念上保持高度一致。佩西耶与方丹均为法国新古典主义晚期“执政内阁风格”（Directoire Style）和“帝国风格”（Empire Style）的缔造者和倡导者。他们的合作作品包括卡鲁索凯旋门（Arc de Triomphe du Carrousel）以及对卢浮宫（Louvre）、杜伊勒里宫（Tuileries Palace）和枫丹白露宫（Fontainebleau）等的重新装饰工程。

◆皮埃尔·弗朗索瓦·方丹（Pierre Fancois Leonard Fontaine, 1762—1853）。法国新古典主义建筑师、室内装饰师和设计师，与其好友佩西耶长期紧密合作，以至于人们很难将其作品区分开来。方丹去世后与好友并葬于方丹设计的墓碑中。

◆让·弗朗索瓦·夏尔格兰（Jean Francois Therese Chalgrin, 1739—1811）。法国建筑师和拿破仑一世的御用设计师，法国新古典主义建筑的推动者。为了纪念法军在奥斯特利茨战役的系列胜利，受拿破仑一世的委任设计了巴黎大凯旋门（Arc de Triomphe）。

◆安托万·让·格罗（Antoine Jean Gros, 1771—1835）。拿破仑一世执政时期的法国历史题材画家和新古典主义画家。格罗是随军的官方画家和拿破仑一世的首席画家，曾亲眼目睹了许多战争场面而创作出一批歌颂拿破仑一世战功的杰作，如《拿破仑视察贾法的黑死病人》（*Napoleon Visiting the Plague Victims of Jaffa*）、《埃劳战役》（*Napoleon on the Battlefield of Eylau*）、《阿科尔桥上的拿破仑》（*Bonaparte on the Bridge at Arcole*）和《阿布克战役》（*Battle of Abukir*）等。伊萨贝是约瑟芬皇后的首席画家和首席装饰设计师，也是拿破仑第二任妻子玛丽·路易莎的帝国庆典总管。

◆让·奥古斯特·多米尼克·安格尔（Jean-Auguste-Dominique Ingres, 1780—1867）。法国新古典主义画家，也是新古典主义画派的最后一位领导人。安格尔的画风工整明确，轮廓分明，构图严谨。代表作品包括《土耳其浴女》（*Turkish Bath*）、《泉》（*The Source*）、《大宫女》（*The Grand Odalisque*）和《洛哲营救安吉莉卡》（*Roger Freeing Angelica*）。

◆让·巴普蒂斯特·伊萨贝（Jean Baptiste Isabey, 1767—1855）。拿破仑一世执政时期的法国画家，19岁时成为雅克·路易·大卫的学生，深受约瑟芬和拿破仑一世的信任，负责安排拿破仑一世的加冕典礼并为庆典的宣传准备图画。七月王朝授予伊萨贝负责与皇室收藏有关的要职。其代表作品包括《第一执政检阅部队》（*Review Troops by the First Consul*）、《拿破仑在马迈松》（*Napoleon at Malmaison*）和《船》（*Boat*）。

◆大卫的作品

◆热拉尔的作品

◆勒布伦的自画像

2. 建筑特征

（1）布局

路易十六时期的新古典风格建筑平面基本呈长方形，建筑整体呈立方几何形，布局严谨，建筑周围空间常常设计正式的法式花园。最具代表性的路易十六新古典风格居住房屋为加百利设计的小特里阿农宫（Petit Trianon），被誉为法国最精美的建筑之一。

（2）屋顶

新古典风格房屋屋顶为平屋面，齿形檐口出挑较浅，其上方采用栏杆式女儿墙围绕外墙一圈，女儿墙上通常省略掉之前流行的雕塑。

（3）外墙

◆ 路易十六风格房屋

建筑立面呈对称布置，比例协调而优雅，充满着高贵典雅的气质，但是保持了泰然自若的尊严。墙面浮雕显得平坦而零散，阳光下产生浅淡的阴影。窗户上方的单坡雨棚出挑很浅，借用法国传统建筑的元素。外墙通常采用石材砌筑，并且保留石材肌理。主立面中央常见独立或者壁柱形式的科林斯柱式。

（4）门窗

◆ 小特里阿农宫

石雕窗台突出外墙，二层高窗通常落地，划分的窗格基本呈竖长方形。门窗框通常漆成白色，门窗洞饰以石雕边框。入户大门通常带有长方形或者圆拱形的门楣，门、窗格划分及尺寸一致，大门基本为镶嵌玻璃窗格的法式门。门楣及窗楣的上方常常饰以拱顶石／楔石（Keystone），窗楣上方偶尔出现垂花饰浮雕。

3. 室内元素

◆ 帝国风格墙面

◆ 路易十六风格墙面

◆ 路易十六风格地面

◆ 帝国风格顶棚

◆ 帝国风格木门

◆ 路易十六风格木门

（1）墙面

法国新古典风格希望看到更真实的罗马和更诚实的装饰词汇，设计师们运用更平面化和更轻松的图形，以及更浅的浮雕；他们经常采用单色粉刷或者应用垂地帷帐织品来装饰墙面，与波兰式床顶部的帐篷式华盖形成一体。

路易十六风格的墙面特征表现为精致的壁纸饰以优雅的装饰木线边框；壁纸绘画内容经常以儿童和动物为主题。此外也采用彩色漆、顶角线和墙裙来装饰墙面。

帝国风格喜欢把建筑外观特征在室内再现，比如柱式、壁柱、栏杆和表现王权的象征性符号，这方面类似于巴洛克风格。其墙面偏爱宝石色如深宝石红、宝石蓝、金黄玉色、蓝绿色和艳绿色，以浅棕色、桃红色和浅灰色作为辅助色调，并且常用类似于三原色的明亮色彩。为了表现出帝国的威严与君权，帝国风格室内装饰将古罗马和古埃及文化融为一体，主要通过刚硬的线条和对称的造型来实现这一目标。

（2）地面

路易十六时期和拿破仑一世时期的地面均流行铺贴深色实木地板，其上铺以鲜明图案与绚丽色彩的地毯，让实木地板在地毯边沿露出。

（3）顶棚

路易十六风格的顶棚相对洛可可风格的顶棚要简化很多，虽然仍然饰以石膏浮雕，但是只是保持石膏本色，而且基本呈简单的几何形状；很多时候，甚至简化到只剩下顶棚中心的圆环图案石膏浮雕。同时，路易十六风格还大大简化了顶棚与墙面相交的檐口线条并且缩小了尺寸。

与拿破仑一世的个人喜好有关，帝国风格总想把室内营造成像军营帐篷一样的氛围，喜欢将壁纸从墙面一直延续到顶棚铺满。

（4）门窗

路易十六风格和帝国风格的室内门基本相同，均呈严谨的、方正的六扇镶板门，其上扇较大，下扇次之，中扇最小，表面饰以镀金浮雕和镀金装饰线条，对于更高的门则采用八扇镶板门。两者的区别主要体现在其表面的镀金浮雕之上，如帝国风格门的表面通常饰以源自古罗马的几何形符号。

无论路易十六时期还是拿破仑一世时期，建筑工程均降到了极低点，其建筑也大多沿用巴洛克和更早时期的建筑，窗户也基本保持原有窗户的式样。

（5）楼梯

路易十六时期的楼梯造型亲切而又轻盈。其栏杆造型以直线为主，材质通常采用实木和铸铁。实木栏杆常常饰以花卉图形雕刻；直线型的铸铁栏杆则配上实木扶手。

拿破仑一世时期几乎没有建造新楼梯，但

是其栏杆刚劲有力、简洁朴实，材料无论是实木还是铸铁，截面基本为方形。

◆路易十六风格楼梯

（6）橱柜

路易十六风格橱柜的造型稳重、大方，柜体采用和家具相似的圆锥形柜脚架离地面，柜门表面装饰线与底板经常镶嵌深、浅木色产生对比。吊柜顶部常见三角形山形墙檐口，其柜门包括实心门和玻璃门。地柜采用白色或者浅色大理石台面。

帝国风格的橱柜造型宏伟、严谨，柜体采用短小青铜镀金爪脚架离地面，其转角处常见女神头像立柱，表面擦褐色后清漆，并且饰以青铜镀金饰片。吊柜顶部平直檐口出挑，柜门常用玻璃门。地柜采用黑色或者深色大理石台面。

（7）五金

◆路易十六风格把手

◆帝国风格把手

路易十六风格的把手以纽扣形为主，其中纽扣形把手的正面呈徽章图形，并且常见丝带花结图形；此外还有一种坠珠形拉手；材质均采用黄铜。

帝国风格常见狮首圆环穿鼻拉手和椭圆形拉手；材质基本为镀金青铜。

（8）壁炉

◆路易十六风格壁炉罩

◆帝国风格壁炉架

◆路易十六风格壁炉架

路易十六风格的壁炉完全摆脱了洛可可风格充满女性柔美的曲线，代之以基本全直线型，只是在支撑壁炉檐口造型的两侧支柱常常出现类似于卡布里弯腿的S形曲线。其材质通常为大理石，并且在檐口造型两侧饰以同样应用于其桌、椅腿顶部的玫瑰花结。有时候会在檐口造型的正中饰以镀金铜质橄榄叶形束带浮雕饰物。壁炉罩的做法和材料与洛可可壁炉罩无异，只是造型更加方正、严谨和对称，并且出现彩带花结图案。

帝国风格的壁炉雄伟壮观，与其家具气质保持一致。大理石壁炉架表面和家具表面一样，经常饰以能够体现出帝国威严的镀金青铜浮雕饰物。其整体造型和细节主要参考自古埃及神庙的雕像和建筑造型。壁炉罩喜欢采用木质框架内镶羊毛织锦。

（9）色彩

路易十六风格的色彩表现出玛丽王后的个人喜好，色调偏向活泼、鲜艳，如红色、玫瑰红色、粉红色等；源自洛可可风格的粉色系也是她的最爱，只是色彩更加鲜艳、明亮，也更饱和。

帝国风格的色彩充分表达出帝王的尊贵与典雅。早期帝国风格的色彩偏向于大自然的乡村色彩，比如淡紫色、柠檬木色、黎明色、西班牙大地色、榛子色和罂粟红色等。

晚期帝国风格转变为喜欢强烈、艳丽的色彩，比如艳红、森林绿色、金色、赭色、亮黄色、天蓝色、灰蓝色、桃红色、珊瑚色、紫色和红棕色。通常以红色、绿色和金色为主色调，以黄色、蓝色和紫色为重点色或者辅助色。经常出现如金黄色与紫蓝色的典型帝国风格色彩对比。

（10）图案

路易十六时期的典型图案包括丝带结、花卉、贝壳、猴子、海豚、格子、小天使、花环、里拉琴、壶形和罗马柱式等。

拿破仑一世时期的典型图案包括象征胜利的月桂叶，象征军事胜利的雄鹰，象征不朽与复兴的蜜蜂（蜜蜂被认为是法国君主的古老符号，也是古埃及王权的符号），象征优雅的手持号角的天使，代表军队的火炮、枪剑、火炬、战车和拿破仑时期的徽章等。天鹅因为约瑟芬皇后的喜爱而成为帝国风格的典型图案；代表拿破仑一世的大写字母N被桂冠环绕着随处可见。

4. 软装要素

（1）家具

路易十六风格家具提倡简洁的线条和克制的装饰，追求朴素与单纯，强调以直线条为主。其特征表现在：源自于古典柱式带凹槽的圆锥形或者方锥形桌与椅腿，椅腿与桌椅面普遍采用桃花心木。应用的古典图案包括里拉琴、花环、香炉、丰饶角、狮身人面像和法老像等。很多路易十六风格家具仍然应用涂金和涂漆技术，不过涂金用量变得越来越少，相比巴洛克和洛可可风格家具，其木材暴露越来越多。

路易十六风格家具的圆锥形桌椅腿式样包括箭筒式腿（Pieds en carquois）、嵌杆凹槽式腿（a cannelures rudentees）、古典式腿（a lantique）和螺旋凹槽式腿（a cannelures en spirale）。它大量采用镶嵌细工，只是出现更多的几何图形。路易十六风格家具上常见的图案包括：圆花饰（Rosace）、希腊传统纹饰（Grecques）、波纹饰（Postes）、心形排饰（Raisde cceur）、卵形饰（Oves）、蝴蝶结饰（Ruban）和垂花饰（Drapee）等。

路易十六风格家具式样包括储藏柜、抽屉柜、餐具柜、橱柜、玻璃柜、书柜、小圆桌、书桌、卷盖式书桌、翻盖式书桌和梳妆台等。椅子式样繁多，主要包括直背的女王式扶手椅（Fauteuil a la reine）、凹背的篷式扶手椅（Fauteuil en cabriolet）、女王式和篷式无扶手椅（Chaise）、安乐椅（Bergere）、办公椅（Fauteuil de bureau）、软垫搁脚凳（Tabouret）、沙发（Canape）、双人沙发（Marquise）、女公爵椅（Duchesse）和土耳其躺椅（Ottomane）等。床具式样主要包括床头靠墙的女公爵式床（Lit a la duchesse）和床侧靠墙的波兰式床（Lit a la polonaise）；其中华盖与床等长的称作女公爵式床，华盖长及床一半的称作天使床（Lit d ange）；而波兰式床的床头与床尾等高，并且带有一个圆形华盖。

◆ 拿破仑帝国风格餐椅

◆ 拿破仑帝国风格餐椅

◆ 路易十六风格餐椅

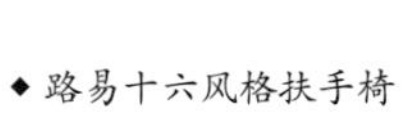

◆ 路易十六风格扶手椅

◆路易十六风格扶手椅

◆路易十六风格沙发床

◆路易十六风格沙发

◆路易十六风格沙发

◆路易十六风格沙发

◆路易十六风贵妃椅

◆路易十六风格长边桌

◆路易十六风格靠墙台桌

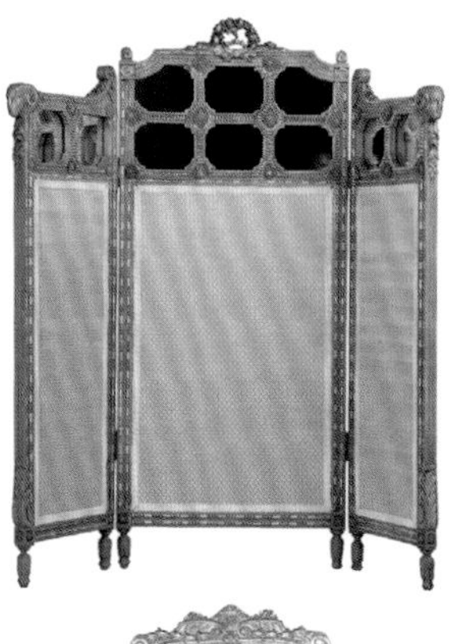

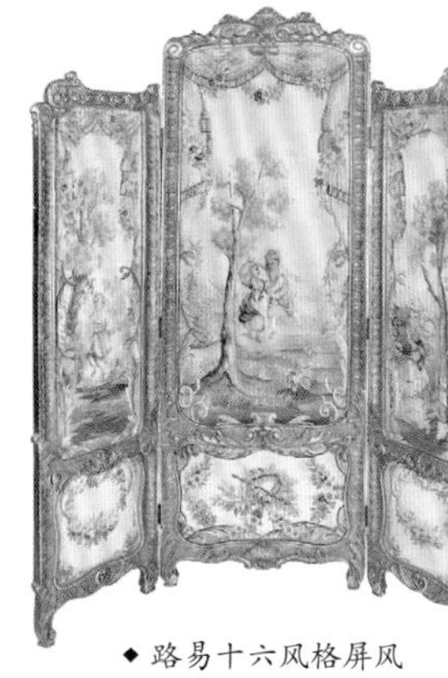

◆路易十六风格屏风

◆路易十六风格抽屉柜

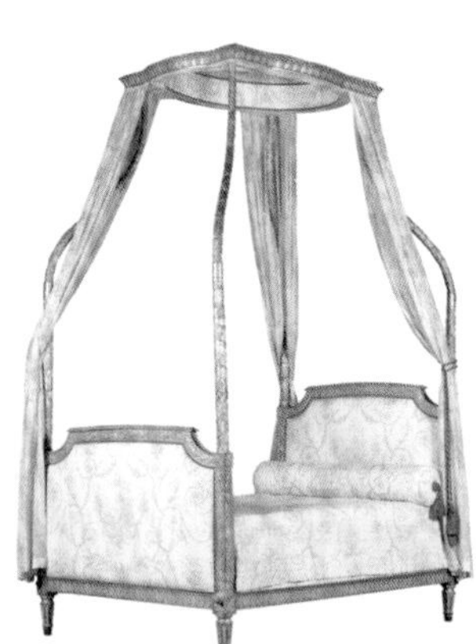

◆路易十六风格床具

◆路易十六风格储藏柜

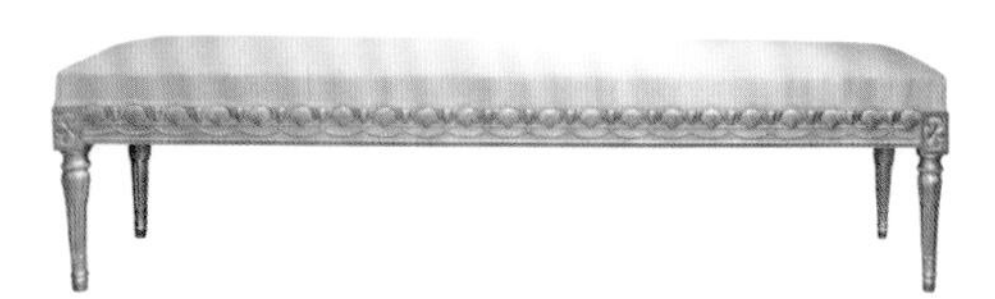

◆路易十六风格软垫长凳

◆路易十六风格床具

拿破仑一世时期的“拿破仑帝国风格”（Napoleon-Emperor of the French）或者“帝国风格”（Empire Style）家具式样取材于古埃及与古罗马家具式样，比如在其桌、椅腿的式样上借用了古希腊家具中状如军刀般的弯曲线，大量出现标志性的里拉琴形、柱式和涡卷形图形。

晚期的帝国风格家具几乎就是依样模仿，从而逐渐失去了其应有的艺术价值。作为新古典主义第二阶段的家具式样，它比路易十六时期家具更为节制；其特征为线条简洁、阳刚、干练、极少雕刻和应用金属镶嵌工艺等。主要以桃花心木制作的帝国风格家具常饰以高超技艺的黄铜镶嵌饰片，并且经常采用大理石制作台面。

帝国风格家具上常见的图案包括花环、火炬、狮身人面像、狮身鹰首兽、希腊传统纹饰带、金银花、蜜蜂、罗马鹰、罗马柱式、涡卷形支撑，以及大写字母 I 与 N。镀金铜饰片通常描绘古希腊神话故事，并且结合了象征自由的符号，如里拉琴和玫瑰形饰物等。

◆ 拿破仑帝国风格桶背椅

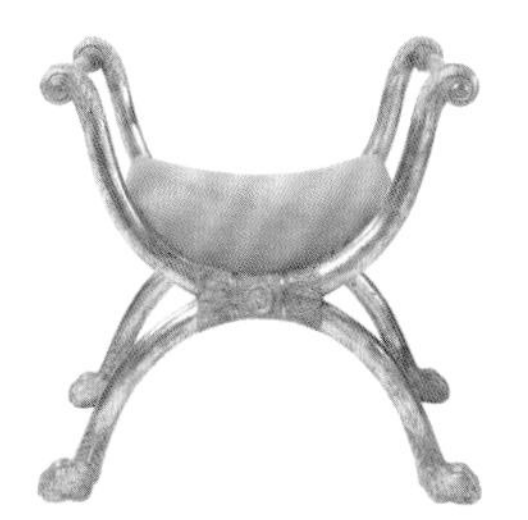

◆ 拿破仑帝国风格交叉凳

◆ 拿破仑帝国风格扶手椅

◆ 拿破仑帝国风格交叉凳

◆ 拿破仑帝国风格扶手椅

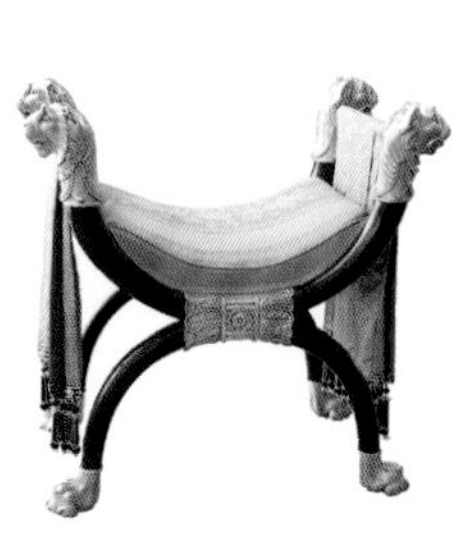

◆ 拿破仑帝国风格交叉凳

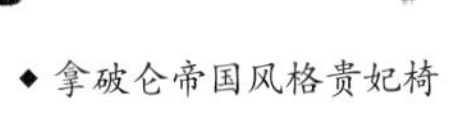

◆ 拿破仑帝国风格贵妃椅

◆ 拿破仑帝国风格沙发

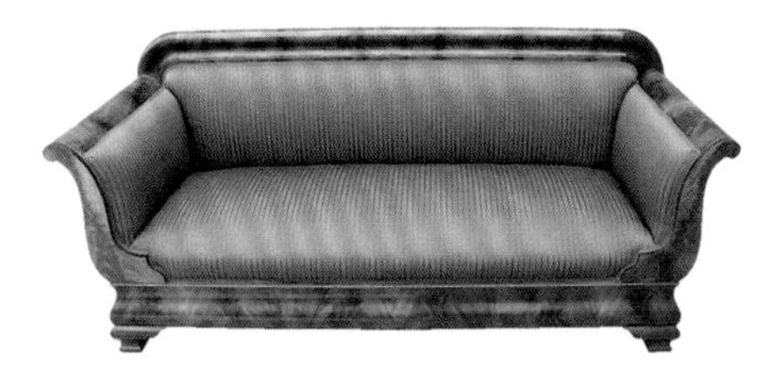

◆ 拿破仑帝国风格沙发

◆ 拿破仑帝国风格沙发床

◆ 拿破仑帝国风格镜架

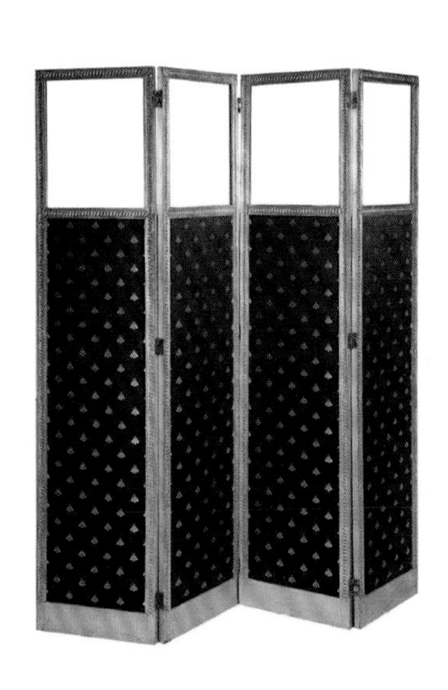

◆ 拿破仑帝国风格屏风

◆ 拿破仑帝国风格软垫长凳

◆ 拿破仑帝国风格靠墙台桌

◆ 拿破仑帝国风格抽屉柜

◆ 拿破仑帝国风格自助餐边柜

◆ 拿破仑帝国风格餐桌

◆ 拿破仑帝国风格圆桌

◆ 拿破仑帝国风格圆桌

◆ 拿破仑帝国风格靠墙台桌

◆ 拿破仑帝国风格棋牌桌

◆ 拿破仑帝国风格床具

◆ 拿破仑帝国风格床具

（2）灯饰

路易十六时期流行镀金青铜与水晶坠饰相结合的枝形吊灯、2~3 头壁灯、落地台灯和桌台灯。其标志性的吊灯由一个镀金青铜制作的圆环形外伸出 6 枝灯架，圆环通过三根吊杆向上倾斜收缩到一起，水晶坠饰呈方锥形倒挂。

拿破仑一世时期最具代表性的灯饰，包括较大的呈圆篮筐形水晶吊灯和较小的圆盘形吊灯通过吊链或者吊杆悬挂两种。

◆ 路易十六风格枝形吊灯

◆ 路易十六风格枝形吊灯

◆ 路易十六风格水晶吊灯

◆ 路易十六风格吊灯

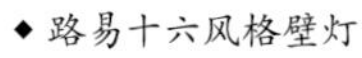

◆ 路易十六风格壁灯

◆ 路易十六风格壁灯

◆ 路易十六风格桌台灯

◆ 拿破仑帝国风格水晶吊灯

◆ 拿破仑帝国风格水晶吊灯

◆ 拿破仑帝国风格青铜吊灯

◆ 拿破仑帝国风格水晶吊灯

◆ 拿破仑帝国风格桌台灯

◆ 拿破仑帝国风格桌台灯

（3）窗饰

路易十六时期的经典织品充满玛丽王后喜爱的、鲜艳活泼的花卉图案，色彩组合包括红色、玫瑰红色、粉红色与各种色调的绿色。另外，黄色与灰色的织品色调让人不禁回忆起洛可可时期的粉色系。

拿破仑一世时期盛行使用灰蓝色、珍珠白、蔓越莓红、玫瑰红和蓝绿色的棉布、羊毛织品、丝绸、提花布和天鹅绒，并且经常应用金丝线为织品进行刺绣。窗饰通常采用非对称造型的厚重织物（如天鹅绒）来制作，并在其单色（如香槟色、米色或者灰色）面料边缘饰以金色的流苏和穗饰。受拿破仑一世的军国主义思想影响，拿破仑一世的窗饰往往出现如军旗般的矛头和穗带。

◆ 路易十六风格窗帘

◆ 拿破仑帝国风格帷幔

（4）床饰

路易十六风格的床具包括镶板床和镶板四柱床，整体式样相差无几。床饰仍然采用玛丽王后偏爱的冷色调为主，通过选用色彩鲜艳的枕头来给床品注入一丝活力。

镶板四柱床通常会配置一个帐篷式的华盖支架，华丽的纺织品被绑扎在顶部后沿着四根支柱下垂，形成一顶装饰性的华盖。华盖的面料与花色常常与枕头套的面料和花色协调。

由于拿破仑一世对于雪橇床情有独钟，因此所有的床饰均围绕雪橇床来布置。通常雪橇床的上方会有一顶军帐式的华盖，华盖的顶端仍然会出现如军旗般的矛头和穗带，与窗饰如出一辙。拿破仑一世的雪橇床看起来不是很舒适，似乎更适合于作短暂的休息之用。

通常为雪橇床的床头和床尾各配置一个与床等宽的筒形枕头。为了显露出床具，拿破仑一世的床饰十分简单而整洁，仅铺上床单并塞入床垫。床单与华盖的旗帜状床幔通常采用相同的面料和花色。

◆ 路易十六风格靠枕

◆ 拿破仑帝国风格靠枕

（5）靠枕

路易十六风格的靠枕体现出玛丽王后的个人喜爱，主要包括红色、玫瑰红色、粉红色、金色，以及各种色调的绿色。靠枕面料包括丝绸和天鹅绒，边沿通常饰以流苏或者穗饰。

拿破仑一世风格的靠枕常常出现象征着君权的蜜蜂图案，或者是采用金丝线刺绣的大写 N 字母，面料常呈黄色或者黑色，图案色彩则与之相反，呈黑色或者黄色。靠枕通常没有边饰。

（6）地毯

无论是在路易十六时期还是拿破仑一世时期，法国的萨伏内里地毯（Savonnerie Rug）一直都是宫廷地毯的首选，并且逐步将之前流行的土耳其地毯（Turkish Rug）和波斯地毯（Persian Rug）取而代之。拿破仑一世使曾经一度衰败的萨伏内里地毯重新振兴，与奥比松地毯（Aubusson Rug）一起为法国新古典风格，包括美国的联邦风格编织地毯。特别是奥比松地毯为大特里亚农宫定制的地毯，完全依照帝国风格偏爱对比色和方圆结合图形的喜好而编织。

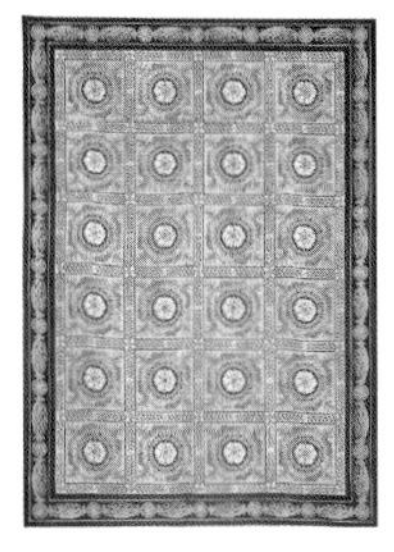

◆ 拿破仑帝国风格地毯

◆ 路易十六风格奥比松地毯

◆ 路易十六风格萨夫内里地毯

◆ 路易十六风格晴雨表

（7）墙饰

路易十六风格的墙饰包括镀金的挂钟、镜框、画框和壁烛台等。其中镜框和画框以竖长方形为主，镜框也出现竖椭圆形。挂钟和镜框的顶端往往饰以打结式丝带，而底端则饰以垂花式丝带。也有的镜框在其顶端如驼峰般隆起，顶端充满雕刻和浮雕。油画内容以人物肖像为主题，尤其流行贵妇人半身肖像。

拿破仑一世的墙饰包括镀金画框、镜框和挂钟。画框的顶端通常雕刻雄鹰。镜框呈竖长方形，顶端隆起如拿破仑军帽的轮廓，表面镶嵌镀金浮雕。画框内容多半以歌颂拿破仑一世的功绩或者风景为主题。其挂钟式样稀少，通常采用青铜制作，通身镀金或者部分镀金。

◆ 路易十六风格镜框

◆ 路易十六风格油画

◆ 拿破仑帝国风格镜框

◆ 拿破仑帝国风格油画

（8）桌饰

路易十六时期的饰品强调对称美，完全脱离了洛可可时期随意、自由的曲线。其典型饰品包括镀金的花瓶、青铜座钟、瓷质雕像与反映古典神话人物或者场景的小雕塑和烛台等。由塞佛尔（Sevres）制作的精美瓷器仍然流行于这个时期。

拿破仑一世时期的饰品包括镀金烛台、红宝石烛台、巴洛克式的餐具、镀金首饰盒、旧皮面书籍、半身雕像或者座钟，以及五彩缤纷的玻璃器皿等。其座钟上常出现以约瑟芬为原型的女神雕像。

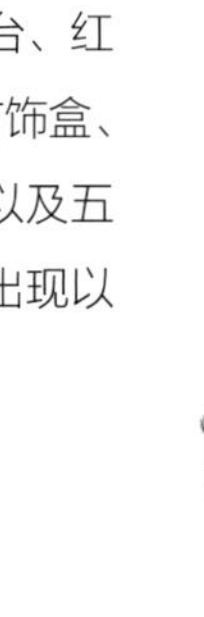

◆ 路易十六风格烛台

◆ 路易十六风格座钟

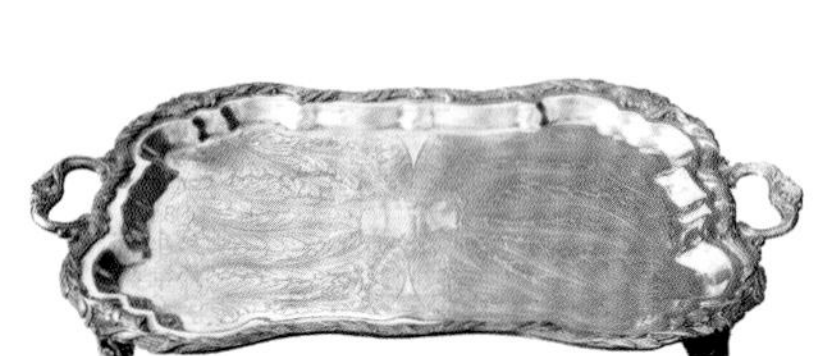

◆ 路易十六风格托盘

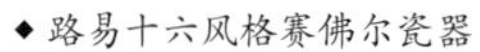

◆ 路易十六风格赛佛尔瓷器

◆ 路易十六风格座钟

◆ 拿破仑帝国风格烛台

◆ 拿破仑帝国风格座钟

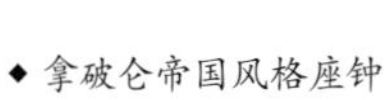

◆ 拿破仑帝国风格座钟

◆ 拿破仑帝国风格赛佛尔瓷器

（9）花艺

路易十六时期的花艺延续着巴洛克时期和洛可可时期的花艺特征。受玛丽王后的个人偏爱，路易十六风格的花色纤弱而清淡，色调偏冷，通过金色点缀。常用的花材包括银莲花、新芽、飞燕草和丁香花等。花器常见水晶、青铜和银质材料，造型特征为细长、高挑。瓷质花瓶的表面通常彩绘精致、典雅，与花材相辅相成。

拿破仑一世时期的花艺深受欧洲当时兴起的新古典和古典复兴运动的影响，女性的柔美和纤细被彻底抛弃，取而代之的是充满阳刚之气的军国主义主题。拿破仑一世的花艺尺寸庞大而笨重，整体呈三角造型，比之前的花艺更加密不透风。花艺花色浓艳，色彩对比强烈。常用的花材包括藿香、百合花、毛茛属植物、玫瑰花和新芽等。花器通常采用厚重的大理石或者雪花石膏雕琢，花器上常见古希腊、古罗马和古埃及的图形。瓷质花瓶的表面通常手工彩绘景色和花卉等画面。

◆ 路易十六风格花瓶

◆ 路易十六风格塞佛尔花瓶

◆ 拿破仑帝国风格花瓶

◆ 拿破仑帝国风格塞佛尔花瓶

（10）餐饰

路易十六时期的餐饰尽管总体来说没有巴洛克和洛可可时期那么奢华，餐具表面也没有那么多的浮雕和彩绘，但是它仍然延续了法国宫廷餐饰的高贵与华丽，没有铺桌布的餐桌上依然摆着塞佛尔（Sevres）的精美餐具和银质刀叉，餐巾依然套在银质餐巾环里。不过由于法国国库空虚，大量银器被融化后补充财政，导致路易十六风格的刀叉普遍采用空心手柄，并且只在手柄部分饰以少量的浅浮雕。

对于拿破仑一世来说，美食并非其生活当中的重要部分，餐桌经常被利用作为军事会议桌使用，因此餐桌上除了烛台不会布置任何餐具或者桌布等。拿破仑一世餐具的显著位置几乎均饰以其标志性的蜜蜂图案，包括餐盘、饮料杯和酒杯。最具标志性的刀叉是由华莱士银匠（Wallace Silversmiths）出品的、在其柄端有一只蜜蜂浮雕的刀叉。

◆ 路易十六风格酒杯

◆ 拿破仑帝国风格酒杯

◆ 刀叉

◆ 路易十六风格瓷盘

◆ 拿破仑帝国风格瓷盘

第十二章 | chapter 12

英国新古典风格

English Neoclassical Style

1、起源简介

（1）背景

1714—1830 年，这个超过一个世纪的时间在英国历史上被称之为乔治时期，这个时期的装饰风格被命名为乔治风格（Georgian Style）。大致上乔治时期被划分为 3 个阶段：① 1714—1760 年的乔治早期；② 1760—1800 年的乔治中期；③ 1800—1830 年的乔治晚期。由罗伯特·亚当领军的英国新古典风格产生于乔治中期，他改变了英国室内空间的面貌，创造了一种精致、优雅和崭新的装饰风格，被广泛应用于建筑室内外。

◆ 罗马庞贝古城

◆ 雅典卫城女像柱

◆ 帕拉迪奥圆厅别墅

大约在英王乔治三世（George III, 1738—1820）统治期间的 1760 年，一场反对之前盛极一时的、由威尼斯建筑师安德烈·帕拉迪奥（Andrea Palladio, 1508—1580）创造的帕拉迪奥风格（Palladian Style）以及在乔治早期和中期风靡一时的洛可可风格（Rococo Style）的变革正式开始。与此同时在法国出现路易十六风格（Louis XVI Style），在英国称为新古典风格（Neoclassical Style），或者称为新古典主义（Neoclassicism），而在美国则被称之为联邦风格（Federal Style）。

这场席卷欧洲和美国的新古典主义运动深受古希腊、古罗马文化和意大利文艺复兴的影响，是一场牵涉到文学、艺术、建筑、戏剧和音乐的文化运动。英国新古典主义主要与其创始人威廉·钱伯斯爵士（Sir William Chambers, 1723—1796）、詹姆斯·斯图尔特（James Stuart, 1713—1788），以及著名设计师如罗伯特·亚当、赫伯怀特和谢拉顿的名字紧密联系在一起。其中钱伯斯的家具设计放弃卡布里弯腿并代之饰以扭转凹槽的倒锥形直腿；被誉为“雅典人”的斯图尔特通过 1762 年出版的《雅典的古迹》一书向世人展现他在希腊的考古成果，并且将历史遗址残留的图形和雕刻应用于其家具设计之上。

18 世纪后半程，苏格兰建筑师与设计师罗伯特·亚当（Robert Adam, 1728—1792）和兄弟詹姆士·亚当（James Adam, 1730—1794）创造出了一种充满欢乐与色彩的新古典装饰艺术，史称亚当风格（Adam Style），它使人们能够同时享受到华丽与优雅。通过对比的形状与色彩，室内空间散发出令人耳目一新的秩序与动感。

亚当的新古典风格有相当一部分要归功于公元 79 年被火山灰掩埋的意大利古城——庞贝（Pompei）与赫库兰尼姆（Herculaneum）于 18 世纪中叶重见天日。1760 年由斯图尔特（Stuart）和里维特（Revett）共同出版了一本关于古希腊文明的书，它对于亚当的新古典风格影响深远。亚当利用石膏和镀金物等材料再现了那些创造于公元前 1 世纪的壶形、狮身人面像和葡萄藤等，它们都被重新赋予了新的生命，大量出现在烛台、镜框、饰带和檐口之上，产生出变幻而又和谐的共鸣。

与此同时，传统的墙面镶板消失了，取而代之的是平涂色彩的光滑墙面，在其上饰以用窄条构成的形状不一但又比例适度的轮廓装饰线条。宽阔的顶棚采用白色或者色彩强烈的浅浮雕装饰线条，线条与地毯图案线条相对应，中间的石膏面板常常粉饰色彩来强化视觉效果。

“我们已经能够从前人那里获得灵感并取得一点成功，将其美好的精神通过创新和变化的方式渗透到我们所有无数的设计当中。”——罗伯特·亚当。英国新古典风格设计师们以亚当为引路人，师法古希腊罗马艺术，应用了更多简洁的几何形状，例如方形与球形。是亚当第一个将窗帘与软垫面料统一起来，这一古典装饰法则一直延续至 19 世纪。

英国新古典风格家具设计师的代表人物如乔治·赫伯怀特（George Hepplewhite, 1727—1786）与托马斯·谢拉顿（Thomas Sheraton, 1751—1806）简化了亚当的家具式样，减少了家具的制作成本，从而让更多的中产阶级都能够消费得起。

英国新古典风格家具大量运用直线取代洛可可风格繁复的曲线，比如桌椅的直腿，表现出简洁和纤弱的外观特征。很多新古典家具从庞贝和赫库兰尼姆古城发掘出的古典图案中获得设计灵感。对新古典风格做出贡献的组成部分还包括希腊复兴风格（Greek Revival），希腊复兴式壁炉的两侧支撑壁炉架台面的壁柱柱式就取材于古希腊神庙。

英国新古典时期的绘画力求恢复古希腊和古罗马时期艺术的辉煌，注重对称和谐，强调理想秩序，忽略个性情感，追求庄重典雅，内容以人物肖像和历史题材为主。18 世纪末作为新古典主义对立面的浪漫主义运动（Romanticism）波及到文学、艺术和文化领域，反对启蒙运动以来对于自然的理性化和社会伦理与专制政治，主张以强烈的个人情感作为美学经验的来源。浪漫主义绘画注重现实，强调个性情感，追求思想解放。

整个 19 世纪，新古典主义仍然是学院派艺术的中坚力量，与浪漫主义(Romanticism)和哥特复兴（Gothic Revival）分庭抗礼。与浪漫主义文化运动相关的哥特复兴式建筑诞生于 1740 年代的英格兰，其影响力遍布欧洲大陆，乃至澳洲与美洲。这是一种试图振兴中世纪的哥特建筑式样，也是一种反现代主义的中世纪艺术回潮。19 世纪末，哥特复兴式的细节与维多利亚风格的元素结合在一起成为了维多利亚哥特式（Victorian Gothic）建筑。

英国摄政风格（Regency Style）诞生于乔治四世登基之前代父摄政的九年期间，是英国新古典主义发展的巅峰，也是新浪漫主义（Romantic）情感和新希腊（Neo-Greek）纯粹主义的综合体，同时也明显受到了来自于东方的印度和中国文化的影响。

英国新古典主义晚期的英国摄政风格家具受 18 世纪末法国执政内阁式（Directoire Style）和 19 世纪初帝国风格（Empire Style）的影响，其外形比新古典主义运动时期更为粗放而含蓄，设计式样和装饰元素大量取材自古罗马、古希腊和古埃及如天鹅、竖琴、棕叶饰、古典人物、花环、卷叶、月桂叶、狮面、柱头与柱脚和带翅膀的太阳圆盘等，同时也融入了中国元素如仿竹节和日本的黑底金漆技术，其技术特征主要为黄铜镶嵌细工、镀金、雕刻和彩绘等。

（2）人物

◆威廉·钱伯斯爵士（Sir William Chambers, 1723—1796）。定居伦敦的苏格兰建筑师，是英国皇家艺术学会（Royal Academy）的创始人之一。1740—1749 年期间，钱伯斯曾经三次前往中国旅行，著有《中国房屋设计》（*Designs of Chinese Buildings*）、《土木工程论》（*A Treatise on Civil Architecture*）和《论东方园林》（*A Dissertation on Oriental Gardening*）。其著作不仅对当时的建筑与规划起到指导作用，而且为应用古典柱式和装饰要素提出了系列建议。在英国新古典主义领域，钱伯斯是亚当的主要竞争者。1774 年在对巴黎再次造访之后，钱伯斯对新古典主义（Neoclassicism）和帕拉迪奥（Palladian）法则进行冷静而保守的完美融合。其代表作品包括萨默塞特府（Somerset House）和伦敦近郊植物园——裘园（Kew）内的中国宝塔。

◆詹姆斯·斯图尔特（James Stuart, 1713—1788）。英国考古学家、建筑师和艺术家，是英国新古典主义运动的主要开拓者。1762 年，与尼古拉斯·里维特（Nicholas Revett, 1721—1804）合著的、并令其一举成名的《雅典的古迹》一书中，首次向新古典主义设计师们呈现了准确的古希腊文物测绘图，在近 200 年内都是设计师的参考资料，斯图尔特本人被誉为“雅典人”斯图尔特。

◆罗伯特·亚当（Robert Adam, 1728—1792）。苏格兰新古典主义建筑师、室内设计师和家具设计师，18 世纪后半叶最杰出的建筑师之一，他在将新古典主义介绍到英国的历史中扮演着重要的角色，是英格兰和苏格兰在古典复兴第一阶段的领导者。亚当曾经在罗马潜心研究古罗马和文艺复兴时期的各类艺术近 5 年。在亚当之前盛行帕拉迪奥式样，亚当在结合古罗马式、古希腊式、拜占庭式和巴洛克式的基础之上发展出了一种更新颖和更灵活的式样，那就是闻名遐迩的“亚当式”，它被广泛应用于亚当的室内装饰、家具、银器和陶瓷设计之上。

◆詹姆士 · 亚当（James Adam, 1732—1794）。苏格兰建筑师和家具设计师，其成就常常被其兄长和商业伙伴——罗伯特 · 亚当的光芒所掩盖。詹姆士 · 亚当追随罗伯特 · 亚当的脚步，直至罗伯特 · 亚当去世才短暂地显露出自己的才华。

◆托马斯 · 齐朋德尔（Thomas Chippendale, 1718—1799）。伦敦家具木工与家具设计师，擅长于中乔治式（Mid- Georgian）、英国洛可可式（English Rococo）和新古典式（Neoclassical），是英国家具从古典风格向新古典风格过渡时期的代表人物。1754 年，齐朋德尔将自己的家具作品汇集成《绅士与家具师的指导》。齐朋德尔设计的家具继承了英国古典家具的深雕特征，接受法国洛可可风格的优雅并把安妮女王（Queen Anne, 1665—1714）风格送入历史，大量借用中式家具的网格图案和官帽椅的形体特征，重复哥特式风格的尖拱、四叶饰和浮雕腿。齐朋德尔式家具中大量出现的简洁直线对于英国新古典风格家具起到承前启后的启示作用。

◆乔治 · 赫伯怀特（George Hepplewhite, 1727—1786）。英国家具木工与家具设计师，被认为是 18 世纪英国最伟大的家具制作三巨头之一（另外两位巨头是谢拉顿与齐朋德尔）。赫伯怀特直至去世之后才通过其妻子艾丽丝出版的《家具师与家具商指南》一书而闻名天下，也因此影响了好几代家具设计师。赫伯怀特式家具的主要特征包括雅致的外形、短椅扶手、直线型桌椅腿、方形截面倒锥形桌椅腿、很少雕刻、突出油漆和镶嵌技术、运用对比色的饰面板和镶嵌，以及其标志性的盾形、心形或者椭圆形椅背。

◆托马斯 · 谢拉顿（Thomas Sheraton, 1751—1806）。英国家具设计师，是英国新古典主义晚期的代表人物。谢拉顿式家具直至 1791 年由其出版的《家具师与装饰师绘图册》一书才被人们认识，其特征包括纤细的直线、轻巧的构造、对比色镶板、圆形截面倒锥形桌椅腿，并且常常呈螺旋形，以及新古典风格的典型图案和装饰等。其标志性的椅背形状以方形或者长方形为主，中嵌板通常为栏杆形、交叉格子形或者横杆形等。

◆乔舒亚 · 雷诺兹爵士（Sir Joshua Reynolds, 1723—1792）。18 世纪英国著名肖像画家，是英国皇家美术院（Royal Academy of Arts）的创始人之一，并担任首任院长，于 1769 年被英王乔治三世封为爵士。雷诺兹擅长于肖像画，通过在绘画中将人物瑕疵理想化的手法来弘扬其“宏大风格”（Grand Style）。代表作品包括《凯珀尔勋爵》（*Lord Keppel*）、《希斯菲尔德勋爵》（*Lord Heathfield*）和《纯真年代》（*The Age of Innocence*）。

◆托马斯 · 庚斯博罗（Thomas Gainsborough, 1727—1788）。18 世纪英国肖像和风景画家，与雷诺兹齐名。庚斯博罗的肖像画具有洛可可风格色彩绚丽和用笔流畅的特征，其风景画对后来的英国风景画影响深远。代表作品包括《蓝衣少年》（*The Blue Boy*）、《罗伯特 · 安德鲁斯先生与夫人》（*Mr. and Mrs. Robert Andrews*）、《萨福克郡的风景》（*Landscape in Suffolk*）和《日落》（*Sunset*）。

◆詹姆士 · 巴里（James Barry, 1741—1806）。18 世纪爱尔兰著名的历史题材画家，代表作品为六组系列画《人类知识与文化的进步》（*The Progress of Human Knowledge and Culture*），收藏于英国皇家艺术学会（Royal Society of Arts）。由于他坚持自己的创作原则，是英国最早的浪漫主义画家之一，也是爱尔兰最重要的新古典主义艺术家之一。代表作品包括《李尔王哀悼科迪莉亚之死》（*King Lear mourns Cordelia's death*）和《泰晤士河》（*The Thames*）。

◆ 庚斯博罗的作品

2、建筑特征

（1）布局

新古典风格的居住建筑设计灵感来自于古希腊和古罗马时期的建筑艺术。整体建筑外形简洁、优雅、严谨与宏伟，早期的独立柱式为了支撑厚重的屋顶和山形墙，晚期的柱式逐渐转变为装饰性构件。围绕建筑物通常有一个精心布置的几何形花园。

（2）屋顶

新古典风格的屋顶外观看似平屋顶，实则内部为缓双坡屋顶，并且由独立的古典柱式支撑，包括多立克柱式（Doric Order）、爱奥尼柱式（Ionic Order）和科林斯柱式（Corinthian Order），不过很多时候柱式只是装饰性。常见齿形檐口的上方为线条简练的栏杆式女儿墙，如果没有女儿墙，屋檐出挑较浅。

（3）外墙

◆ 住宅

建筑外立面呈对称布置，强调完美的比例关系，看起来像庄严的教堂。建筑下段采用厚重的石块作为基石，显得稳重而雄伟；中段应用古希腊和古罗马的五柱式；上段檐口大量应用装饰线条，正面檐口或者门柱的上部通常以山形墙雨棚构成带圆柱的门廊。建筑正立面平整，其中央部位通过独立的柱式形成一个高大雄伟的入口柱廊。

（4）门窗

◆ 入户门

为了强调建筑物本身雄伟而庄严的气势，门窗的装饰变得十分简单和有限。入户大门大多为镶板实木门，通常隐于由古典柱式支撑的门廊之下。大门上方及左右常见镶嵌玻璃的门楣（Transom）和侧窗（Side Light），有些门楣和窗楣的上方则饰以拱顶石/楔石（Keystone），还有些大门两侧仅饰以带凹槽的壁柱（Fluted Pilaster）及上方的山形墙（Pediment）。

3、室内元素

（1）墙面

18 世纪中期大部分时髦的家庭里流行镶板墙裙，在挡椅线与檐口之间用板条拉紧，大多为羊毛纺织锦缎织品作为墙面装饰；普通一点的家庭则用灰泥粉饰墙面或者采用棉织品作为墙面装饰。大约在 1760 年之后，在挡椅线与檐口之间的木质镶板逐渐被白色或者模仿石材色的灰泥粉饰所代替。

◆ 墙面

18 世纪 70 年代开始壁纸被广泛应用于墙面装饰。壁纸图案通常表现古希腊或者古罗马时期的建筑、神话故事场景、几何形花卉、涡卷形莨苕叶或者夸大的自然花卉等，并且采用以蜂巢状格子、条纹或者圆形图案的镶边壁纸。

◆ 顶棚——亚当的作品

新古典风格的背景色丰富多彩，体现在墙面或者顶棚，与白色或者醒目色彩的石膏线条形成对比。墙面通常采用石膏浮雕垂花饰、花环、蛋形和标枪形，此外，常见约 90cm 高的木质墙裙和挡椅线。墙面经常采用突出墙面的多立克（Doric）、爱奥尼（Ionic）或者科林斯（Corinthian）式壁柱来支撑檐口。室内装饰的原则是保持整体的一致性，重视图形的韵律感。

◆ 门窗 - 木门

值得关注的是，新古典风格时期盛行壁龛（Niche）式碗柜、展示柜或者书架等固定家具，与周围墙面融为一体。

（2）地面

新古典风格地面大多采用镶木地板和石板，镶嵌图案通常来自古希腊、古罗马时期的花卉或者几何图形。普通家庭的地面采用未抛光的杉木或者松木地板，并在门厅等重要空间的地面采用几何拼花大理石或者镶嵌木地板。

（3）顶棚

18 世纪大多数普通家庭的顶棚仅用简单的檐口装饰，檐口饰以齿形或者卵箭饰（Egg-and-dart）图形。18 世纪末，作为希腊复兴式（Greek Revival）倡导者的著名建筑师约翰 · 索恩爵士（Sir John Soane, 1753—1837）的标志性顶棚特征为穹隅上方的浅碟形穹顶，这是一种置于墙角的三角形凹面角拱来支撑正方形空间里的穹顶。

新古典风格在墙面与顶棚交界处常用石膏浮雕垂花饰、花环、齿形、蛋形或者标枪形装饰顶角线，顶棚中心枝形吊灯吊杆处饰以圆环图案石膏浮雕。檐口往往饰以莨苕叶、金银花、垂花饰和缎带等图形，这些图形也应用于石膏徽章的镶边装饰。

（4）门窗

1774 年执行的新防火安全法对窗户尺寸大小提出了新的要求。新古典风格的窗户立面在 18 世纪时期变得纤细、优雅，同时也变得高耸起来。其窗台几乎接近地面，或者干脆直接落地。为了方便进出阳台，法式门代替了高大的上下推拉窗。新古典时期流行的窗户式样包括半圆形窗、拱形窗和长方形窗。

室内主要采用六扇镶板实木门，对于普通

的杉木或者松木制作的室内门，其表面饰以黑色或者深绿色油漆；而对于昂贵的桃花心木制作的室内门表面则作抛光处理。门楣常以檐口状造型作为门头装饰，表面饰以浅浮雕；门边框常带凹槽。室内门用五金采用镀金青铜材质。

（5）楼梯

新古典风格楼梯结构并没有新的突破，为了体现庄重与实用，整体造型中规中矩，线条简洁。栏杆柱通常尺寸庞大，可靠牢固，偶尔饰以装饰线条和雕刻。富裕家庭的楼梯则铺上抛光橡木地板，配上土耳其窄梯毯。由于 18 世纪中期铸造技术的提高，铸铁栏杆开始崭露头角。新古典风格铸铁栏杆大量出现莨苕叶、花环和希腊传统纹饰（Greek Key）图形。

新古典风格栏杆完全不同于之前盛行的巴洛克和洛可可式栏杆，显得格外节制和朴素，通常采用橡木或者胡桃木车削而成。1760 年之前流行的螺旋形栏杆被简单的圆形或者正方形截面的正锥形所取代，支撑着表面光滑而平坦的实木扶手。

（6）橱柜

新古典风格的橱柜大多没有柜脚直接落地，造型简洁、方正，柜体经过擦褐色后清漆，并且常用镶嵌技术。吊柜顶部常见模仿古希腊双耳细颈瓶的雕刻，以及断开山形墙装饰，柜门常见拉长八角形窗格的玻璃门。地柜四平八稳，常用绿色或者深色大理石作为台面。

（7）五金

◆ 黄铜把手

新古典风格的常见纽扣形把手，正面呈徽章图形；此外还常用椭圆形背板的拉手，其背板中央呈壶形图案。材质包括黄铜或者镀金青铜。

（8）壁炉

◆ 壁炉罩

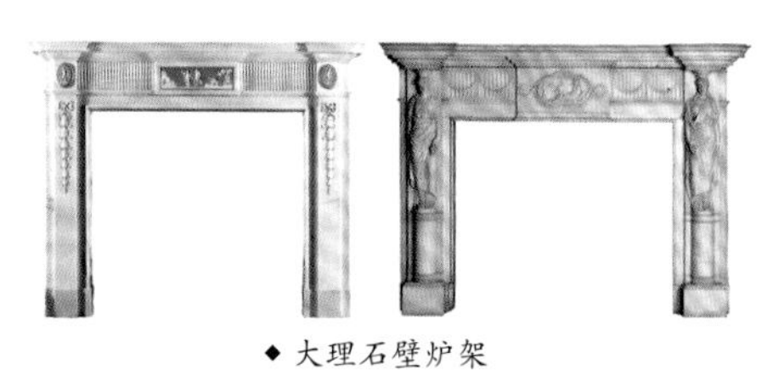

◆ 大理石壁炉架

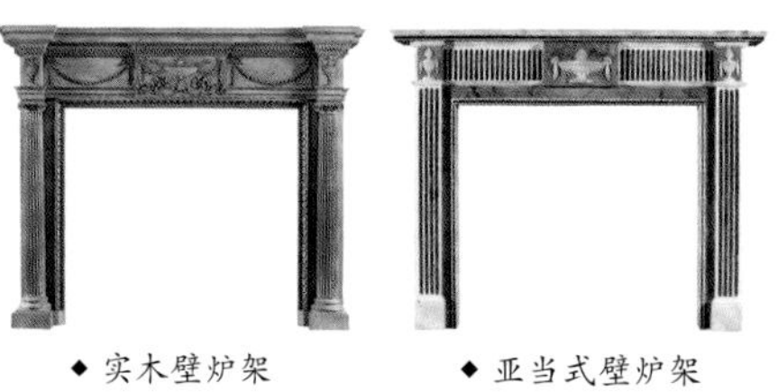

◆ 实木壁炉架　　◆ 亚当式壁炉架

新古典风格壁炉整体造型端庄而又方正，表现出严谨的直线型特征。壁炉架材质以大理石、石材与实木为主，横梁立面通常饰以垂花饰、花环、徽章和壶形等古典图形的浅浮雕，两侧则饰以凹槽或者是缩小版的柱式。

新古典风格壁炉的式样包括壁炉架两端超出壁炉膛约 15cm 的乔治式（Georgian）、平镶板饰以花瓶和徽章图案的亚当式（Adam Style）、大理石壁炉架两旁模仿柱式并饰以花卉饰带的帕拉迪奥式（Palladian）、模仿古希腊神庙两旁方形柱式支撑檐口形壁炉搁板的希腊复兴式（Greek Revival）。新古典风格经常出现如同油画框一样的壁炉罩框架，内嵌一块饰以刺绣的纺织品。

（9）色彩

新古典风格鲜明而充满活力的色彩在其经典绘画中已经表达得非常清晰明了，它们与深浅色对比相结合取得平衡感和清晰度，这一用色趋势并没有完全蔓延到其室内装饰当中。室内色彩以柔和与淡雅为主，常用的色彩包括淡黄色、灰色、灰绿色、浅粉色、柔玫瑰红、蓝色、深黄色和金黄色。这些色彩配合大量的金箔变得明亮而又活泼。

随着印染技术的提高，后来也常用淡蓝色和黄色，蓝色和绿色变得更干净又强烈。偶尔也用到赤褐色、黑色和红色，但是十分谨慎。

（10）图案

新古典风格的图案源自于那些流行于古希腊和古罗马时期的神话主题、人物形象和图案，包括壶形、柱式、月桂花环、纤弱的阿拉伯图案、爱神丘比特和棕叶饰等，特别喜欢采用浮雕的形式来表现它们。

新古典风格大量应用现实与想象的动物形象，比如海豚、狮子、狮身人面像（Sphinx）、狮身鹰首兽（Griffin）和半人半兽（Satyr）等。此外也常见串珠图形。

源自于古罗马时期的垂花饰和花彩（两端悬挂中间下垂）常见于新古典风格的墙面、壁炉架和饰品等的表面，这些悬挂的花环通常由织物、缎带、花卉和花蕾组成。新古典风格特别注重出现于织物与壁纸上的图案保持一致。

4. 软装要素

（1）家具

英国新古典风格家具是指 1750—1880 年期间出现的家具，其总体特征表现为：直线矩形，理性有序，装饰有度，基本选用桃花心木、少量的雕刻与浮雕，大量采用彩绘、镶嵌和饰面技术，其整体造型简洁精美，无论桌腿还是椅腿均为直线型。

家具式样以新古典时期的代表人物所设计的经典家具为主，其中齐朋德尔式家具尺寸较大，充满阳刚之气；亚当式家具比例精美，注重细节；赫伯怀特式家具简洁严谨，精美雅致；谢拉顿式家具尺寸较小，制作精巧。

典型的新古典风格家具包括抽屉柜、茶桌、折叠桌、棋牌桌、餐具柜和法式安乐椅等。四柱床成为新古典时期最受欢迎的床具式样。新古典时期的座套技术取得了极大的进步，它们包括充气垫、缓冲弹簧和弹性填料座垫等。

◆ 赫伯怀特式扶手椅

◆ 赫伯怀特式边椅

◆ 亚当式扶手椅

◆ 齐朋德尔式扶手椅

◆ 齐朋德尔式边椅

◆ 乔治式无扶手椅

◆ 乔治式扶手椅

◆ 齐朋德尔式挡风椅

◆ 谢拉顿式扶手椅

◆ 谢拉顿式沙发

◆ 赫伯怀特式沙发

◆ 齐朋德尔式沙发

◆ 齐朋德尔式驼峰形背靠沙发

◆ 落地座钟

◆ 亚当式半月形矮柜

◆ 谢拉顿式抽屉柜

◆ 赫伯怀特式活动翻板桌

◆ 赫伯怀特式靠墙台桌

◆ 乔治式牌桌

◆ 齐朋德尔式矮脚柜

◆ 谢拉顿式餐桌

◆ 谢拉顿式边桌

◆ 齐朋德尔式高脚柜

◆ 谢拉顿式四柱床

◆ 亚当式书柜

（2）灯饰

由于新古典风格强调利用自然光和大烛台，灯饰受到一定的限制。水晶或者玻璃枝形吊灯是新古典风格房间的主要照明灯饰，此外在门厅、过道和楼梯间则常用灯笼式吊灯，配合壁灯作为辅助照明，同时在房间内分散布置枝形大烛台。

◆ 壁灯

◆ 亚当式镀银青铜水晶吊灯

◆ 亚当式镀银青铜枝形吊灯

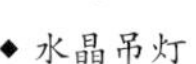

◆ 水晶吊灯

◆ 水晶吊灯

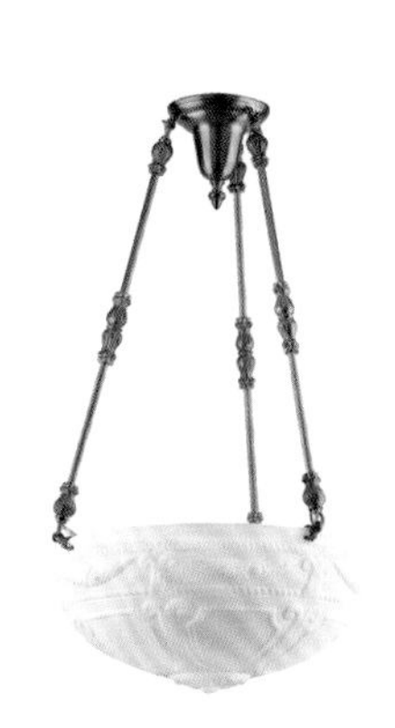

◆ 吊灯

◆ 吊灯

◆ 桌台灯

（3）窗饰

由于从东印度公司（East India Company）进口的克什米尔披肩（Kashmiri Shawl）十分昂贵，自18世纪90年代起，模仿克什米尔披肩的苏格兰佩斯利涡旋纹花呢（Paisley）开始取代克什米尔披肩风行一时。

新古典风格的织品包括丝绸、绸缎、天鹅绒和锦缎，配合刺绣与壁毯。织品图案以花卉、条纹和詹姆士绒线刺绣图案为主，常见图案还有花束、彩带、花环、花冠、鸟儿、东方和中式艺术式样。

由齐朋德尔与谢拉顿设计的木质窗帘盒两端弯曲，正面饰以涡卷形、花果盆和树叶等图案。新古典风格的窗户檐口（Window Cornice）往往与四柱床檐口（Bed Cornice）和宝塔式窗帘盒（Pagoda Cornicc）保持一致，整体以简洁的几何造型为主。

新古典风格的窗帘带复杂的褶皱，下摆饰以垂花饰锁边，配上超长的穗饰和尾状饰物。通常以拖地长窗帘边沿饰以饰带并由多层织物组成，且用带穗束带向两边挽起；窗户最里面是一层薄纱保护隐私，最外边顶端是装饰性的帷幔或者褶形垂帘。

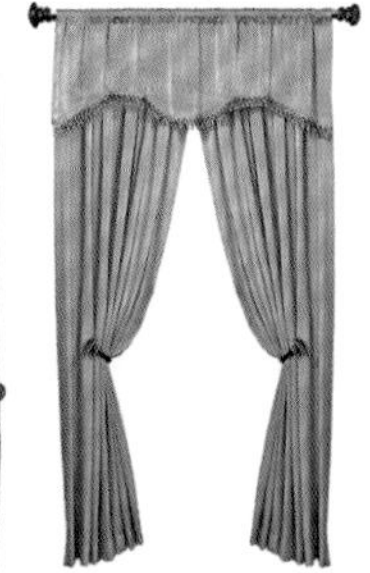

◆ 窗帘

（4）床饰

四柱床一直是英国人的传统床具，所有床饰皆围绕四柱床来布置。床幔与床帘经历了从16世纪的繁琐，到18世纪的朴素，再到新古典时期的丰富而又克制这个过程。通常采用红色或绿色天鹅绒或者织锦，其价值已经远超床具，同时其装饰性也超过实用性。

新古典风格床品面料的花色通常与床幔和床帘面料花色一致，但是床单或者床罩面料则往往选择纯白色与花色形成对比，共同营造一个温暖的整体床具。

◆ 靠枕

（5）靠枕

英国新古典风格的靠枕通常采用天鹅绒或者织锦作为面料，较少出现边饰。靠枕正面织锦的图案大多采用花卉，背面通常为单色天鹅绒。靠枕套背面的色彩即正面的底色，常见浅蓝色或者紫红色，它们与金色的图案形成强烈对比，边沿通常也锁金色绳边。

除此之外，模仿青花瓷的色调在白色棉布上刺绣蓝色图案也是英国新古典风格常见的靠枕式样。大马士革图案仍然流行于新古典时期的靠枕套之上。

（6）地毯

18 世纪中期的新古典家庭盛行采用几何图形的小块地毯，或者是来自于东方的花卉图案地毯。高贵家庭的地面有条件铺上名贵的、创始于 1755 年的英国阿克斯明斯特地毯（Axminster Rug），或者是 19 世纪末至 20 世纪初诞生于俄国、乌克兰和罗马尼亚的比萨拉比亚地毯（Bessarabian Rug）。地毯的花色与图案往往与顶棚装饰线条形成对应镜面关系。

◆ 地毯

（7）墙饰

英国新古典风格的墙饰主要包括镜框和画框。其中涂金镜框以对称的几何造型为主，通常饰以花瓶、花篮与花环；画框内的油画内容大多以风景、建筑物与人物为主题。当时的室内墙面流行悬挂一种用于判断天气变化的仪器——“晴雨表”（Barometer）作为墙饰。

◆ 镜框

◆ 镜框

◆ 谢拉顿式镜框

◆ 赫伯怀特式镜框

◆ 齐朋德尔式镜框

◆ 乔治式镜框

◆ 亚当式镜框

◆ 油画

◆ 油画

（8）桌饰

英国新古典风格的标志性饰品包括由乔赛亚·韦奇伍德（Josiah Wedgwood, 1730—1795）创办的韦奇伍德瓷器（Wedgwood）的碧玉细炻器（Jasperware）、半身或者全身大理石雕塑、中国古典象牙制品和瓷器、银质茶具、古希腊式样花瓶或者雕塑、青铜壶、姜罐和烛台等。

韦奇伍德瓷器还包括乳酪色陶器（Queen' s Ware）和浅浮雕黑色陶器（Basaltes）；其创作灵感也来自于古罗马，尤其是制作于公元 1 世纪的波特兰花瓶（Portland Vase）直接启发了碧玉细炻器的创造，使得韦奇伍德成为新古典主义运动的代表人物之一。

1797 年由英国人乔赛亚·斯波德（Josiah Spode, 1733—1797）发明的斯波德（Spode）骨瓷曾经作为英国皇室指定瓷器，也象征着贵族生活用品常出现于新古典风格家居。同样享有英国皇室御用瓷器殊荣的还有创立于 1750 年的英国皇家伍斯特（Royal Worcester）瓷器、创立于 1775 年的英国安斯丽（Aynsley）瓷器和创立于 1815 年的英国皇家道尔顿（Royal Doulton）瓷器。

其中皇家道尔顿旗下还包括了创立于 1750 年的皇家皇冠德比（Royal Crown Derby）瓷器、创立于 1793 年的皇家明顿（Royal Minton）瓷器和创立于 1896 年的皇家阿尔伯特（Royal Albert）骨瓷，它们都是与英国新古典风格室内装饰相得益彰的标志性饰品。

18—19 世纪生产的、被誉为“瓷中白金”的德国迈森（Meissen）瓷器和被称之为“洛可可复兴式”的德国德累斯顿（Dresden）瓷器都是当时欧洲王公贵族们竞相收藏的瓷中珍品，也因此成为新古典风格时期的典型饰品。

新古典时期的烛台以银质、镀金、青铜、木质和玻璃为主。

◆ 磁托盘

◆ 镀银托盘

◆ 烛台

◆ 仿古瓷器

◆ 仿古瓷器

◆ 韦齐伍德瓷器

◆ 韦齐伍德瓷器

◆ 座钟

（9）花艺

英国新古典风格的花艺呈非常正式的对称三角形造型，通常将品种繁多的花材紧密地插在花器中。由于东西方贸易的增加，新古典风格早期的花艺深受东方艺术的影响。常用的花材包括玫瑰花、金鱼草、百合花、康乃馨和石榴等。直至新古典风格晚期花艺才开始摆脱正式的对称造型，趋向更自由的造型。

新古典风格的花器常见有足基座的花瓶、酒杯形花瓶、高脚杯、冷酒器、宽口碗、汤盘、车削木和分层果盘等造型。材质包括银质、大理石和瓷质；瓷质花瓶的表面常常彩绘景色或者头像。

◆ 花艺

（10）餐饰

英国新古典风格的餐桌整洁而又低调，通常没有桌布或者桌巾，只是餐盘下面有一块丝质的餐垫。餐桌的正中央摆一盆色彩鲜艳的花艺，并且在其两侧各放一支银质烛台。

餐盘通常只放一个在每个餐位上，不过各种饮料杯和酒杯比较多。在餐盘的左侧分别摆主菜叉和生菜叉，右侧放餐刀（注意刀锋朝内）和汤勺。餐盘的左上方是甜点盘、甜点勺和甜点叉，右上方分别是饰以刻花的红葡萄酒杯、白葡萄酒杯、甜酒杯和水杯。

新古典风格的瓷质餐盘造型简洁，通常没有浮雕或者涡卷形曲线，仅在边沿饰金。诞生于 18 世纪中叶的英国皇冠德贝瓷（Royal Crown Derby）出品的新古典餐具成为英国新古典风格的首选餐具。此外，餐桌上常见雕刻精美并配置盖子的椭圆形银盘盛大菜，还有银质茶壶或者咖啡壶，以及银质刀叉。新古典风格的尊贵气质来自于餐具的高贵品质。

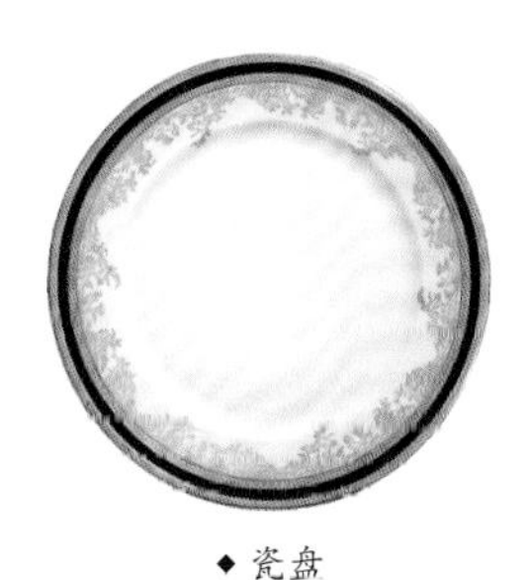

◆ 瓷盘

◆ 茶杯盘

◆ 水晶酒杯

◆ 刀叉

第十三章 | chapter 13

美国联邦风格

Federal Style

1、起源简介

（1）背景

◆ 白宫

1783 年，《巴黎和约》结束了美国独立战争，承认了美利坚合众国的合法地位，一个崭新的国家从此诞生。饱受战争蹂躏的新国家急需建立属于自己的政府、宪法与传统，这就是史称联邦时期的起始，存在于 1780—1820 年期间，其影响一直延续至今。

美国联邦时期的开启标志着英国殖民时期的结束。与殖民早期的美国殖民风格（American colonial Style）和同时代表现出乡村与随意的早期美国风格（Early American Style）不同，美国联邦风格被公认为是一种正式的美国版新古典风格，由富裕阶层家庭装饰风格改造而来，带有独特的政治意图和审美倾向。

联邦时期的美国一方面仍然继承了其丰富的历史文化遗产，另一方面则希望拥有能够体现出这个新兴国家自己独有特色的新文化，这便是世界上独一无二的美国联邦风格的起始，它涵盖了建筑、装饰与家具等，联邦风格家具取代了之前盛行的英国齐朋德尔式家具。尽管新国家刚刚赢得了独立，来自于英国的赫伯怀特和谢拉顿式家具在联邦时期的早期仍然广泛流行并得到普遍模仿；因此，每当提到联邦风格家具，人们常常会联想起赫伯怀特和谢拉顿式家具。

在 18 世纪末至 19 世纪初，美国、英国和德国等国掀起了一场希腊复兴（Greek Revival）运动，研究对象为古希腊建筑艺术，模仿古希腊神庙的建筑，类型涵盖了公共与私人建筑。受此运动影响的室内装饰特征包括叶丛状饰纹、回纹饰和卵箭饰等。墙裙消失，装饰性壁纸取而代之；地毯和家具与简洁的门套线、顶棚装饰和壁炉架边框形成对比。

◆托马斯·杰斐逊故居蒙蒂塞洛

早期的联邦家具真实地反映了这个年轻国家上流社会的优雅生活情调：身着丝绸和细棉布的淑女们聚集在休息室里优雅地品茶，而头戴假发的绅士们则坐在图书室内高谈阔论联邦新政与时政要闻。那些法官、企业家、富商及时髦的夫人们拥有足够的财富与地位，享受着至今仍然被古典家居爱好者们羡慕的华宅。

早期联邦风格家具近似于新古典风格家具，呈现出直线型造型，边角干净利落，整体轻巧、优雅和简洁。采用黄铜桌脚，黄铜环形抽屉拉手常见于较大尺寸的家具。

人们经常混淆美国联邦风格与独立战争之前的美国殖民风格（American Colonial）或者早期美式风格（Early American），前者表现出正式的新古典主义，而后两者则适用于随意的乡村生活方式。当年联邦风格是少数富裕阶层专属的建筑与装饰式样；而早期美式风格则属于大多数平民百姓的建筑与装饰式样，后来发展成为前述的“美式田园风格”。

1815—1840年期间，晚期联邦风格家具深受法国拿破仑称帝时期的帝国风格（Empire Style）家具影响。来自于巴黎的设计师——查尔斯·昂勒里·拉涅尔（Charles Honore Lannuier, 1779—1819）第一次将法国帝国风格引入美国，并将路易十六风格与帝国风格家具结合起来。不过美国家具设计师并未直接模仿帝国风格，而是充分发挥了自己的创意，结合帝国风格的尊贵庄严、富丽堂皇和美国人实用至上的精神，最终形成了别具一格的美国帝国风格（American Empire Style）家具。

为了刻意去英国化，美国家具设计师趋向于向法国帝国时期的希腊式新古典家具汲取设计灵感。结合了谢拉顿式家具所有的悠闲特点，邓肯·法伊夫家具显得更为优雅与舒展；由他设计的椅子具有交叉杆背板、直线横杆和里拉琴形中嵌背板的特征；其桌子式样包括基座式与活动翻板式，桌、椅腿均饰以凹槽和雕刻。

法国帝国风格家具的厚重实线条曾经风靡一时，法伊夫家具也曾经跟随这个潮流，克制地简化装饰，采用闪亮的黄铜包裹着硬邦邦的体型。终于，所有的创作智慧和设计品质都在被称作“屠夫”的帝国浪潮下随波逐流、消失殆尽。

（2）人物

◆托马斯·杰斐逊（Thomas Jefferson, 1743—1826）。美国开国元勋，1776年美国独立宣言（Declaration of Independence）的主要起草人，1801—1809年期间担任美国第三任总统，1790—1793年期间担任乔治·华盛顿任内的首任国务卿。杰斐逊是一位博学者，涉足的领域包括科学、发明、建筑、宗教和哲学。他亲自设计了其位于弗吉尼亚的私人官邸——蒙蒂塞洛（Monticello）、弗吉尼亚大学和弗吉尼亚州政府大楼。蒙蒂塞洛的建筑式样融合了亚当（Adam）和乔治（Georgian）建筑式样，并从中汲取精华，同时从古希腊神庙、古罗马建筑和帕拉迪奥（Andrea Palladio, 1508—1580）别墅中获得灵感，成为联邦风格建筑与室内设计的经典样板。

◆詹姆斯·霍本（James Hoban, 1758—1831）。爱尔兰建筑师，后于美国独立战争期间移民美国并于1785年成为费城建筑师。1792年，霍本击败其他竞争者赢得设计美国总统官邸——白宫（White House）的荣誉，按照美国开国元勋、首任总统乔治·华盛顿（George Washington, 1732—1799）的要求提出并修改方案，建筑外观模仿自古希腊爱奥尼亚式（Ionic）建筑，最终成为美国联邦风格著名的典范。

◆本杰明·亨利·拉特罗布（Benjamin Henry Latrobe, 1764—1820）。英国新古典主义建筑师，移民美国后因设计美国国会大楼而闻名遐迩。1809年，美国第四任总统詹姆士·麦迪逊（James Madison, 1751—1836）指定拉特罗布为白宫设计室内。拉特罗布为白宫室内选择了希腊复兴式，同时包括配套的家具设计。

◆威廉·索顿（William Thornton, 1759—1828）。英裔美国医师、发明家、画家和建筑师。他设计了美国国会大厦（The United States Capitol Building），曾经担任首位美国国会大厦建筑师和首位美国专利局负责人。美国国会大厦设计参考了法国的卢浮宫（Louvre）和万神殿（Pantheon），为美国联邦时期的新古典主义建筑树立了榜样。

◆本杰明·韦斯特（Benjamin West, 1738—1820）。美国独立战争期间专长于历史场景的英裔美国画家，被英国皇室授予骑士爵位，但是被韦斯特拒绝，因为他期望的是贵族封号。韦斯特是第一位受到英国皇室和欧洲收藏家追捧的美国画家，1768年，他帮助创建了英国皇家美术院（Royal Academy of Arts），并担任其第二任院长。联邦时期除了风景画，肖像画也是韦斯特绘画的重要主题之一。曾为本杰明·富兰克林（Benjamin Franklin, 1706—1790）画过肖像画。

◆查理斯·威尔逊·皮尔（Charles Willson Peale, 1741—1827）。美国画家、军人和自然学家。为美国独立战争时期的主要人物留下了大批肖像画，其中包括1772年为美国国父乔治·华盛顿画的第一幅肖像画，被认为是美国绘画替代传统绘画之父、美国肖像画的鼻祖，创建了美国第一个重要博物馆。

◆查尔斯·昂勒里·拉涅尔（Charles Honore Lannuier, 1779—1819）。法国裔美国家具木工，首次将法国帝国风格引入美国，并将路易十六风格与法国帝国风格家具结合起来，和邓肯·法伊夫一样都是美国新古典风格的领军人物。拉涅尔和法伊夫均擅长于从古希腊和古罗马的建筑和家具式样当中汲取装饰元素并应用于自己的设计中，其家具式样在当时被称之为“法国古董式样”，现在被归类为“联邦家具式样”、“新古典式样”或者“美国帝国式样”。

◆邓肯·法伊夫（Duncan Phyfe, 1768—1854）。苏格兰裔美国家具设计师，美国新古典风格的领军人物，被认为是美国史上最伟大的家具木匠。法伊夫从早期模仿托马斯·谢拉顿式家具，到后来转向法国执政内阁式，再后来转向法国帝国风格，这些式样特征在其1837—1847期间的家具设计当中表现明显。虽然法伊夫并没有创造出一种新的家具式样，但是他对于美国新古典家具的最大贡献在于将英国新古典风格与摄政风格按照完美的比例重新组合起来，成为美国新古典风格家具的代言人。

◆ 韦斯特的作品

2、建筑特征

（1）布局

典型的联邦风格居住建筑平面基本呈长方形或者正方形的对称布局，整个建筑如同一个大方盒子，造型简洁、朴实。前后左右室外空间开阔无遮挡。

（2）屋顶

联邦风格的缓坡屋顶类型包括单坡屋顶、双坡屋顶和四坡屋顶。单坡、双坡屋顶两侧的女儿墙经常升起与建筑左右对称的一对高耸砖砌烟囱连接起来。四坡屋顶的屋檐通常外挑，出挑不是很深，檩条和木梁全部遮蔽起来。一对烟囱则可能靠近中心升起。如果出现陡坡屋顶，屋顶上则往往出现老虎窗（Dormer）。

（3）外墙

联邦风格建筑立面遵循严格的对称型布置，檐口处往往出现齿形装饰线条。建筑外墙粉刷色彩包括黄色、赭色和白色，附属建筑则经常刷成红色。立面上横排窗户必须是奇数，如 3 扇、5 扇或者 7 扇，其中以 5 扇最为普遍。

（4）门窗

镶板大门安排在立面的正中间，也是整幢建筑立面的焦点。大门的左右各有一扇固定玻璃侧窗（Side Light），顶部通常安装楣窗（Fanlight）或者柱上楣构（Entablature）。楣窗形状包括椭圆形或者半圆形。

向外凸出的门廊由 2~4 根罗马立柱支撑的雨棚形成，雨棚上面往往呈三角形山形墙造型。有时候立柱支撑的是平顶雨棚，平顶雨棚也可能成为二层的阳台。如果没有雨棚，立柱则变成石材壁柱，圆弧形山形墙门楣也仅仅是突出墙面的石材浮雕造型。

虽然帕拉迪奥式（Palladian Style）的三段式窗户比较常见，但是偶尔也会出现一对窗户靠得很近的情况。窗户顶部的窗楣和窗台通常呈长方形或者倒梯形，有时候采用石材建造。

3、室内元素

（1）墙面

联邦风格以其精致的顶角线、壁炉架和门窗套与同期的美国殖民风格迥然不同。联邦风格墙面装饰最大的变化便是取缔了整面墙的镶板装饰，除了壁炉所在的墙面之外，其余墙面大多饰以墙裙，在墙裙与檐口之间的墙面通常仅作白色粉刷。19 世纪末之前，只有富裕家庭才用得起素色壁纸装饰墙面。

更多联邦风格的家庭围绕门窗两侧还饰以爱奥尼（Ionic）和科林斯（Corinthian）柱式，其墙面处理方式通常采用粉饰与新古典风格的壁纸或者织品，与米白色的石膏或者木质装饰线条形成对比；这些石膏装饰线也应用于顶棚。门、窗套与装饰线条一样通常被漆成米白色。

19 世纪末才出现的花卉、条纹和几何图形壁纸很快取代了之前流行的素色壁纸。新古典风格的壁纸通常配上强调爱国主题的画作和壁画，同时饰以条纹、阿拉伯图案和一些花卉。在木质墙裙的上方墙面常常采用壁纸或者带有木框收边的壁纸来制造镶板效果。

（2）地面

联邦风格的地面通常采用抛光实木地板，并且常常应用榫槽式地板饰边。木地板经常漆出菱形图案或者应用模板彩绘技术。门厅通常铺贴白色大理石、蓝石或者板石拼出几何形图案。

（3）顶棚

联邦风格的顶棚一般饰以石膏材质的徽章浮雕、齿形檐口线和其他装饰线条。与壁炉架之间的墙面上常常饰以优美的花环、垂花饰和玫瑰花饰。装饰性的门窗套通常为带凹槽的边框，转角块表现正方形与圆圈。

（4）门窗

采用大理石、石材或者木材制作的窗框上槛通常带有拱心石（Key-stone），并且大多以水平式为主。20 世纪初开始双扇或者三扇六块玻璃窗户代替了之前盛行的双扇九块玻璃窗户。半圆形或者半椭圆形窗户一般应用于二楼以上的房间。常见的双悬窗因无法制作更大的玻璃而被小块玻璃划分成 6~12 个窗格。

联邦风格采用四扇、六扇与八扇镶板实木门，其中以带圆凸形线脚装饰的六扇镶板门最为常见；不过希腊复兴式木门通常采用二扇或者四扇镶板门。联邦时期仍然十分钟爱法式门。室内门套往往饰以多立克（Doric）柱式壁柱，门头装饰以直线型檐口与山形墙造型为主。

（5）楼梯

联邦风格的楼梯基本上采用实木建造，大多数家庭的木质栏杆为简单的车削或者方形截面，它们支撑着上面细小的木质扶手。栏杆立柱主要呈现麻花形、细长形和方锥形。联邦时期的锻铁栏杆被视为减肥版的新古典式样。

（6）橱柜

联邦风格的橱柜式样与英国新古典风格的橱柜十分接近，但是联邦橱柜往往用柜脚架离地面。吊柜顶部通常省掉山形墙，但仍然出现雄鹰黄铜雕像，并且檐口出挑较深，其柜门也常用拉长八角形窗格的玻璃窗。地柜常用实木作为台面。

（7）五金

◆ 拉手

联邦风格的把手包括纽扣形和蘑菇形，其中纽扣形把手的正面呈徽章图形；此外还常用椭圆形背板的拉手；其材质包括黄铜和水晶。

（8）壁炉

◆ 壁炉罩

◆ 壁炉架

联邦风格壁炉深受亚当兄弟设计的影响，由不同木材和建筑构件组成，木材的深浅木纹用于装饰性的镶嵌技术上，建筑构件包括柱式和檐口部分。铸铁壁炉开始在18世纪出现。

联邦风格壁炉似乎比其他风格的壁炉表现出更多的垂直支撑，其木质边框和壁炉架上方的饰架饰以壶形、垂花饰、花环、花坛和人物等图形，壁炉架正中嵌板常常饰以神话故事场景。壁炉罩经常是一块实心的黄铜挡板，边沿由涡卷形、S形和圆弧形组成。

（9）色彩

联邦风格色彩明亮、淡雅而又清澈，常用色彩组合包括白色、米色与中性灰色、蓝色与淡黄色；“红色 + 白色 + 蓝色”是联邦风格的爱国色彩。此外，也常用从浅至深的黄色、玫瑰红、淡紫色、肉桂棕色和深浅绿色等。

联邦风格的常用色彩包括浅灰蓝色、淡黄色、黄色和柔红粉色。淡黄色通常作为背景色，浅灰蓝色、淡绿色与褐色作为辅助色彩，柔红粉色则用作点缀色。

沙发座套面料包括象牙白、柔金色、紫红色和红色、深紫色、翠绿色和柔蓝色等。

（10）图案

联邦风格装饰图案通常表现为简化了的古希腊和古罗马图形，它们包括莨苕叶、麦穗、烟叶、花彩、丰饶角、花环、壶形、竖琴、贝壳、珊瑚和鸟类。星形和雄鹰是这个新国家的象征符号，经常出现在窗帘盒和镜框等物品之上；此外还有古希腊和古罗马风格的乔治·华盛顿（George Washington, 1731—1799）肖像或者半身雕像，也常见于联邦风格的家具和饰品之上。

4. 软装要素

（1）家具

联邦风格家具在美国之外常常被称之为美国新古典家具（American Neoclassical），它结合了当时流行于欧洲的众多新古典风格家具特点，包括安妮女王式、齐朋德尔式、赫伯怀特式和谢拉顿式家具，但是其外观更加朴素，同时又不失庄严与尊贵，其简洁的线条与造型忠实地反映了新国家创始者们优雅与高贵的审美理念。邓肯·法伊夫式家具是当时最流行的式样之一。

联邦风格家具的主要特点包括线条优雅、做工精巧、倒锥形桌椅腿和应用饰面与运用对比色的贴面板和镶嵌技术等。家具常见的雕刻图案包括缎带、垂花饰、水果篮、葡萄串、麦穗、半月形、雄鹰、丰饶角、吊钟花、扇形、帷幕形、壶形和盾形等。

联邦风格的沙发和椅子常常采用豪华的天鹅绒或者织锦装饰座套，并且饰以钉扣装饰和精致的锁边。座套面料常见宽条纹图案，有助于加强房间的秩序感。联邦风格家庭常见带玻璃柜门的展示柜用以展示各式各样的瓷器和银器，其顶部通常带尖顶饰，玻璃柜门饰以放射状框。

联邦风格家具当中最具象征性的家具之一，是起源于洛可可时期的法国、后被英国人于18世纪改造并简化的盖恩斯伯勒椅（Gainsborough Chair），之后传入美国并以美国最早第一夫人名字命名的“玛莎·华盛顿椅（Martha Washington Chair）”，其主要特征表现为软垫直背、细木扶手和直腿等。

美国帝国风格家具类似于法国帝国风格家具，都在其桌、椅腿的式样上借用了古希腊家具中状如军刀般的弯曲线；同时也大量采用其标志性的里拉琴形、柱式和涡卷形。

美国帝国风格家具的主要特征表现在雕刻扭绳形的正面转角立柱，黄铜制作的兽爪形桌、椅脚，镶嵌由黄铜冲压而成的卵箭饰（Egg-and-dart）、菱形、希腊传统纹饰，以及星形或者圆形等。常见的雕刻图案包括莨菪叶、丰饶角（象征丰饶的羊角内盛满鲜花和水果等）、雄鹰、菠萝、涡卷形、星形和壶形等。

◆ 玛莎·华盛顿椅

◆ 法尹夫扶手椅

◆ 餐椅

◆ 法尹夫餐椅

◆ 美国帝国风格餐椅

◆ 美国帝国风格扶手椅

◆ 扶手椅

◆ 法尹夫沙发

◆ 美国帝国风格沙发

◆ 美国帝国风格沙发

◆ 沙发

◆ 沙发

◆ 美国帝国风格踏脚凳

◆ 美国帝国风格小圆桌

◆ 法尹夫带抽屉圆形桌

◆ 法尹夫活动翻板式餐桌

◆ 靠墙台桌

◆ 边几

◆ 美国帝国风格小桌柜

◆ 餐边柜

◆ 美国帝国风格床头柜

◆ 美国帝国风格四斗柜

◆ 美国帝国风格五斗柜

◆ 翻板写字桌

◆ 翻板与字桌

◆ 展示柜

◆ 梳妆台

◆ 烛台柜

◆ 早餐托盘桌

◆ 四柱床

◆ 落地座钟

◆ 四柱床

(2) 灯饰

直至 19 世纪早期，玻璃材质和镀金青铜的枝形吊灯才由富裕人家从法国或英国进口。联邦风格灯饰代表式样包括 19 世纪以前的包金箔和镀锡铁艺枝形吊灯、19 世纪早期的法国帝国风格的枝形吊灯、18 世纪晚期至 19 世纪早期的贴黄铜配玻璃灯笼、镀金黄铜配酸蚀毛玻璃枝形吊灯和玻璃枝形吊灯等。

联邦风格台灯基座材质以玻璃或者陶瓷为主，枝形吊灯和壁灯的材质则常常采用黄铜或者紫铜配上玻璃灯罩或者饰以水晶垂饰。卧室里的小型水晶吊灯会更显温馨与浪漫。

◆ 壁灯

◆ 壁灯

◆ 吊灯

◆ 吊灯

◆ 桌台灯

（3）窗饰

联邦时期的窗帘设计灵感来自于古希腊花瓶和陶器上描绘的妇女穿戴的服饰：双束带、单垂花饰或者两端悬挂中间下垂的花彩。联邦晚期开始应用双层窗帘，外层窗帘通常采用半透明薄绸或者透明薄纱。毛织物直接垂下或者单边束带的垂花饰，在其上方饰以另一层单边束带的垂花饰或者单花彩。典型的联邦风格窗帘反映出法国帝国风格（French Empire）的影响而饰以流苏。淡黄色的锦缎窗帘是联邦风格窗饰的标志性织品。

◆ 窗帘

（4）床饰

联邦风格的卧室普遍采用谢拉顿式四柱床，而床饰会围绕四柱床来安排。床具常见如窗帘盒式的硬华盖，以及应用蕾丝钩织或者褶皱裙边似的软华盖，但是并非所有的四柱床都有华盖。

联邦风格的床品强调舒适第一，面料包括丝绸、锦缎、织锦、刺绣、印花棉布和薄麻布。床品的花色是素雅、洁净，还是多彩、浪漫，取决于卧室的使用者性别。其纺织品上经常出现一些漂浮的丝带、卵形、古典图形、象征着热情好客的菠萝和中国风格的局部细节。

（5）靠枕

为了保持室内整洁、有序的环境，联邦风格选择靠枕和摆放位置均十分谨慎，主要出现在女主人卧室的扶手椅上。靠枕套应用的面料包括锦缎、丝绸、织锦、刺绣、皮革、印花棉布和薄麻布，常常只锁绳边而无其他边饰。靠枕花色大多与沙发座套花色成反比，注意与房间其他布艺的花色取得协调。

◆ 靠枕

（6）地毯

实木地板通常铺上法国为联邦风格定制的奥布松（Aubusson）地毯，或者产自于英国基德明斯特的威尔顿（Wilton）机织绒头地毯、布鲁塞尔（Brussels）平绒地毯和阿克斯明斯特（Axminster）织花地毯。

◆ 地毯

◆ 奥布松地毯

◆ 阿克斯明斯特地毯

（7）墙饰

联邦风格的主要墙饰包括镜框和画框。其中镜框以竖长方形最为常见，镜框顶部通常呈山形墙造型。象征着美国坚韧与独立精神的圆形雄鹰镜框是美国联邦风格的标志性墙饰；雄鹰镜框上经常出现的 13 个圆球形、羽毛形或者星形代表着美国最初的 13 个殖民地，还有矛和箭的形象也象征着独立精神。

画框内容以人物肖像、自然风景、港口码头、海景和帆船为主题，还包括描绘美国独立革命时期的英雄人物和最大事件为题材的油画。

◆ 油画

◆ 镜框

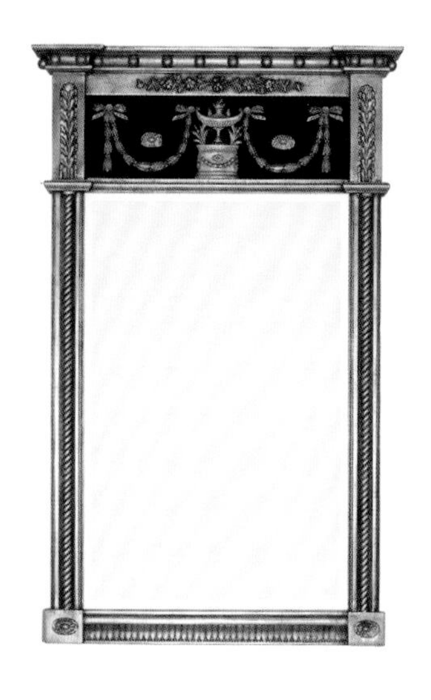

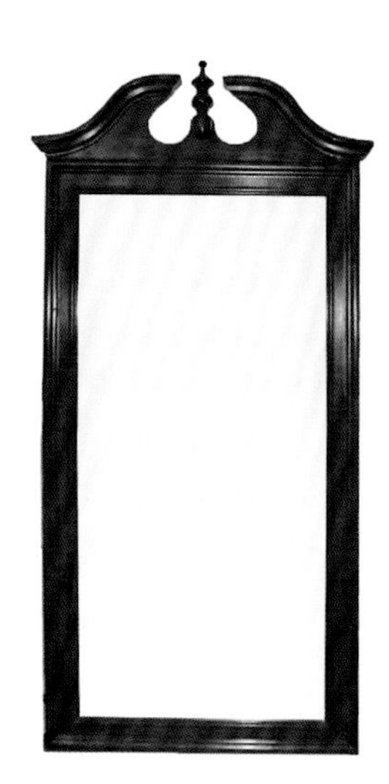

◆ 镜框

（8）桌饰

代表联邦风格的饰品包括美国第一任总统乔治 · 华盛顿（George Washington, 1732—1799）的半身雕像、壶形和星条旗。联邦风格家庭常常出现锡镴和银质器皿，此外瓷花瓶、小塑像，以及来自中国的青花瓷和仿唐三彩均十分常见。

木框座钟置于壁炉架的正上方，左右均匀布置烛台、瓷花瓶和瓷盘，造型类似于联邦风格建筑的立面，顶部往往设计成山形墙的立面。

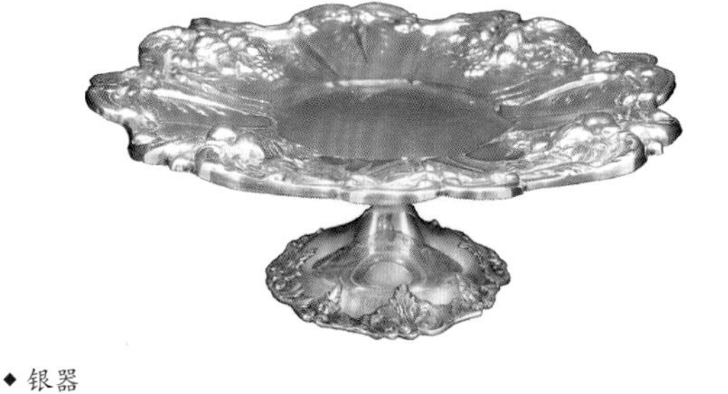

◆ 银器

◆ 烛台

◆ 座钟

（9）花艺

联邦时期的花艺受到来自于欧洲和美国本土花艺的影响，其中以法国花艺的影响最深。其中掺杂了爱国主义、共和主义，以及对世外桃源和田园牧歌的向往，最后造就了简洁而正式的联邦风格花艺特征，通常呈圆锥形造型。据说当年是美国开国元勋乔治·华盛顿及其夫人玛莎在其居所里为联邦风格的花艺做了最佳示范。

花材经常模仿远古时代的情景，常用的辅材包括金色小麦捆、常青藤、橡树叶、月桂树叶、石榴、无花果、桃子和柑橘。常用的花材包括银莲花、雏菊、山茶花、藜芦（菟葵）、萱草属、风信子、百合花、水仙花、桔梗属、罂粟花、报春花、玫瑰花和紫罗兰等。花材常常从花器的边缘垂落，摆出苗条的优雅造型。

联邦风格的花器通常为带高脚的花瓶、带双耳的罐和多层果盘形，或者是分层摆放而装花盆的托盘、篮筐和陶碗、银碗、金属碗和马口铁碗等。

◆ 花瓶

（10）餐饰

联邦风格精美的餐桌必须充分展现出来，通常不铺桌布或者铺上一块纯白色桌布。讲究实用至上的美国人不太注重餐饰，桌面上通常只用平坦的绿叶与红果编织的装饰物点缀在主菜旁。餐桌的正中央往往是主菜，左右各放一支银质烛台，然后在烛台边上继续是主菜。

餐饰比较简单，不喜欢餐桌上过于拥挤。餐巾通常经折叠后直接搁在主餐盘上，在餐盘的左侧分别摆主菜叉和生菜叉，右侧放餐刀（注意刀锋朝内）和汤勺。餐盘的左上方是黄油盘和黄油刀，右上方分别是饰以刻花的各类酒杯和水杯。

联邦风格餐盘喜欢选择产自于法国著名的瓷都——利摩日（Limoges）的珊瑚红色餐盘，或者是诞生于1837年的蒂芬尼公司（Tiffany & Co.）出品的带新古典风格的标志性图案（如垂花饰、花环和珍珠）餐盘。蒂芬尼公司的联邦风格餐具色调偏冷，并且控制严谨，图案对称，制作精美。

餐饰所使用的刀叉首选诞生于1824年的里德与巴顿（Reed & Barton）银器，他们不仅出品银质刀叉，而且制作银盘等其他银器。里德与巴顿为联邦风格设计制造的刀叉手柄串珠纹被命名为“美国联邦”（American Federal），因为这种串珠边饰据说来自于18世纪末的美国联邦时期。

◆ 银器

◆ 酒杯

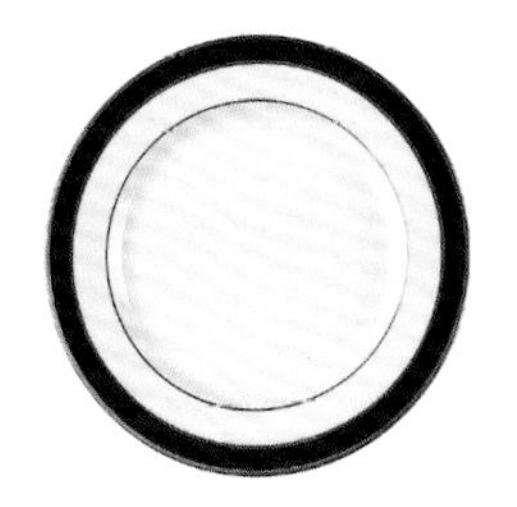

◆ 瓷盘

◆ 里德与巴顿银器

第十四章 | chapter 14

英式田园风格

English Country Style

1、起源简介

（1）背景

公元前 55—410 年：罗马人统治英国。

829 年：盎格鲁萨克逊王朝建立。

1066—1154 年：诺曼底王朝（诺曼底公爵威廉）。

1154—1399 年：金雀花王朝（亨利二世），期间英法百年战争。

1399—1461 年：兰卡斯特王朝。

1461—1485 年：约克王朝。

1485—1603 年：都铎王朝（亨利七世、伊丽莎白一世）。

1603—1714 年：斯图亚特王朝（詹姆士一世、查理二世）。1689 年，威廉国王与玛丽王后将荷兰人热爱家庭和追求舒适的生活理念引入英国。

1714—1917 年：汉诺威王朝（工业革命、维多利亚时代）。

1917 年至现在：温莎王朝（伊丽莎白二世）。

◆ 16 世纪茅草屋

数百年前的英国贵族们热衷于去乡间度假、打猎或者举行马球比赛等休闲活动，他们在乡间居住的房屋，以及他们的仆人、园丁和农民的农舍，经过漫长岁月的演变，最后共同构成了英式田园风格的创作原型。英式田园风格住宅既是乡村农舍与乡间别墅精心结合的产物，也是历史上英国贵族热衷于乡间生活所致。

英式田园风格以温馨、朴实与充满乡村情调的特征而见长，然而却是英国贵族使其独树一帜并且名扬天下。住惯豪宅大院的贵族们深深地被 18 世纪晚期至 19 世纪农场主和工匠们居住的简单而又小巧的村舍所吸引，于是竞相模仿；这正说明了英式田园讲究精致而又优雅生活品位的缘由。今天的英式田园风格早已走出了乡村，并且走向了世界。

英式田园风格植根于其延绵不断的绿色牧场、村舍花园和英国传统建筑艺术。它总是能够激发起人们对于世世代代生活在这

◆ 乡间别墅

片土地上人们的美好憧憬，这正是英式田园风格经久不衰的魅力所在。英式田园素以由鹅卵石铺就的乡间小道连接的古色古香的店铺、历史悠久的镇中心和村舍而闻名于世，它们被认为是“舒适”的代名词，散发出代代相传的历史沉淀感。

真正的英式田园风格离不开一个芬芳扑鼻的英式花园，而其热爱侍弄花草与收拾房间的传统则源自于其近邻——荷兰。1688 年，英国发生光荣革命，自由议会邀请威廉三世入主英国，随同荷兰王储威廉三世（William III, 1650—1702）和玛丽王后（Mary II, 1662—1694）一同返回英国的荷兰家具与工匠，给英国带来了荷兰人热衷家庭装饰与追求舒适生活品质的理念。玛丽王后本人对于精美家具、刺绣和瓷器的喜好也深深影响了英国的中、上阶层。

从此，英国人的家庭从上至下崇尚温暖舒适之风盛行。英国人开始放弃自伊丽莎白一世（Elizabeth I, 1533—1603）以来一味追求粗俗的壮观，也放弃了克伦威尔（Oliver Cromwell, 1599—1658）强调精神至上的僵硬与拘谨，更放弃了查理一世（Charles I, 1600—1649）与查理二世（Charles II, 1630—1685）的炫耀奢侈和挥霍无度。

1685 年，法王路易十四废除了给予新教徒宗教信仰自由的《南特敕令》（The Edict of Nantes），结果造成了约 4 万包括熟练织布工的法国人移民英国，因此给英国带去了丰富多彩的丝绸、天鹅绒、锦缎和花锻等织品。威廉三世的继任者安妮女王（Anne of Great Britain, 1665—1714）主政英国时期盛行模仿法国洛可可风格家具，结束了跨越数个世纪之久的严谨、僵硬和方正的英国古典家具式样，从此开启追求优雅、精巧、轻便与舒适的家庭生活理念。

“英式舒适”（English Comfort）一词代表着英国人关于家的理念，包含了英式花园、英式文化和英式舒适，这一理念在英式田园风格当中体现得淋漓尽致。“英式舒适”可以具体描绘出一幅超凡脱俗的乡村景色：一条石板铺成的小道蜿蜒伸向花园的尽端，一片野花盛开的斜坡，几座如童话世界般可爱的农舍披着厚厚的茅草屋顶，一切平静地呈现在明媚的阳光下，淡泊宁静，与世无争。

英式田园风格的近亲被称之为“英式农舍风格”（English Cottage Style），或者简称为“农舍风格”（Cottage Style）。农舍风格主要通过各种布艺来实现更随意、更轻松和更温馨的英式田园风格；同时它也是简化版的英式田园风格，简洁是其设计原则。农舍风格的设计灵感基本来自于其精心维护的花园，阳台和窗台均为花园而敞开。

英式田园风格常常被描述为“亲切的杂物”，一个房间的家具和饰品就可以罗列出满满一张纸，但是它们都被小心谨慎地安排妥当，让人不禁联想起英式花园的茂盛、优雅和迷人。英式田园风格是一种抒情并充满女性柔美气质的装饰风格，同时也特别强调舒适和与大自然和谐的关系，需要极其用心去决定取舍，避免让房间过于拥挤和堆砌。

无论房间有多么地正式，英式田园风格的家居总是以花卉和其他自然要素为主，让人感觉到放松与舒适。今天人们再现英式田园风格的目的在于重温和怀恋旧时的简单生活方式，营造一个更温馨而舒适的家庭氛围。现代版的英式田园风格逐渐放弃了传统的粉饰手段，代之以更多地依靠材料肌理来体现深度；其织品图案也趋向于简洁或者干脆用素色。

（2）人物

◆威廉 · 透纳（William Turner, 1775—1851）。18—19 世纪英国著名的浪漫主义画家，同时也是印象派先驱的英国水彩画大师，许多作品运用水彩来描绘英国牛津附近的乡村景色。其作品歌颂大自然永恒的壮美，散发出独特的哲学思想。透纳被认为是英国绘画史上最杰出的天才之一，1808 年成为英国水彩画协会（Watercolor Society）的正式成员。代表作品包括《幸克西山下的牛津》（*Oxford from Hinksey Hill*）、《雨、蒸汽和速度——西部大铁路》（*Rain, Steam and Speed - The Great Western Railway*）和《战舰无畏号》（*The Fighting Temeraire*）。

◆约翰 · 康斯特勃（John Constable, 1776—1837）。18—19 世纪英国著名的浪漫主义画家及风景画家。以饱满的热情描绘家乡的戴德海姆河谷的美丽风景而闻名于世。不过他生前在法国受到的尊重比在其祖国得到的重视要大得多，直到去世之后才跻身为英国艺术界最受欢迎和最有价值的画家之一。代表作品包括《戴德海姆河谷》（*Dedham Vale*）、《玉米地》（*The Cornfield*）、《威文霍公园》（*Wivenhoe Park*）和《干草车》（*The Hay Wain*）。

◆欧内斯特 · 查尔斯 · 沃尔伯恩（Ernest Charles Walbourn, 1872—1927）。19 世纪英国风景画家，擅长于描绘乡间农村景色。其笔下的英国乡村美景总是那么恬静、悠闲，充满世外桃源般的英式田园生活情调。代表作品包括《农耕生活》（*Farming Life*）、《喂鸭》（*Feeding the Ducks*）、《鸭池塘边的休闲》（*Relaxing by the Duck Pond*）和《高原牛嬉水》（*Highland Cattle Watering*）。

◆海伦 · 阿林汉姆（Helen Allingham, 1848—1926）。英国维多利亚时期的水彩画家。其水彩笔下的村姑比童话般的小屋更加引人注目，表达了海伦对于乡村人们的同情。代表作品包括《爱尔兰农舍》（*Irish Cottage*）、《海格伯恩小屋外的女孩》（*A Young Girl Outside A Cottage in Hagbourne*）和《梅菲尔德小屋的门》（*By the Cottage Gate, Mayfield*）。

◆亨利 · 方丹 · 拉图尔（Henri Fantin-Latour, 1836—1904）。法国画家，以花卉和肖像作品闻名画坛，属于浪漫主义和印象派之间的过渡性人物。其笔下的玫瑰花每一朵都是那么美丽，以至于有一种野生玫瑰以其名字命名。虽然拉图尔是法国画家，但是其玫瑰花作品大多被英国人所收藏。代表作品包括《玫瑰》（*Roses*）、《白玫瑰》（*White Roses*）和《玫瑰 花瓶》（*Vase of Roses*）。

◆ 康斯特勃的作品

◆ 拉图尔的作品

2、建筑特征

（1）布局

典型的英式田园风格居住建筑体现了自都铎时期以来所有建筑式样的特征。作为都市富有阶层和新兴中产阶级的乡间度假别墅，其建筑面积随主人的经济实力差别很大，但是周围都会设有一个精心护理的花园，由石砌矮墙和木质栅栏围护着。建筑整体大多呈非对称、不规则平面布置。

（2）屋顶

◆ 住宅

英式田园风格建筑的屋顶包括陡峭的双坡屋顶或者四坡屋顶，呈石板或者木片屋面。屋檐出挑很浅，有的饰以源自新古典时期的齿形装饰线条。屋顶坡面两边不均等，由此产生丰富的屋脊线。坡屋顶上经常出现老虎窗，有的退后凸出于屋面，有的靠前与墙面平齐。宽大的砖砌或者石砌烟囱经常位于靠近大门的显著位置，或者安排在建筑纵轴线上左右对称各一座或者多座。

（3）外墙

传统英式田园风格建筑的外墙采用砖砌或者石砌构造，表面大多不做特殊处理，少数进行灰泥粉刷，有些也应用木质护墙板。豪华的英式田园风格房屋看起来更像是小城堡或者小宫殿，前者具防御功能，后者则没有。普通的英式田园风格房屋趋向于朴实而实用的设计，少数外墙显露出外墙的木框架特征源自于都铎时期。

（4）门窗

八角凸窗是英式田园风格房屋的一大特色，传统的平开窗或者双悬窗的窗格通常划分比较细小。一层窗户的窗台几乎接近地面，门、窗框经常漆成白色。入户大门通常为镶板木门，中间往往镶嵌玻璃。普通大门饰以源自于新古典时期的山形墙门楣和侧柱，豪华大门则附带一个凸出外墙并带立柱的门廊。

3. 室内元素

（1）墙面

英式田园风格的墙面总是想办法让擦色或者油漆的墙裙、挡椅线、顶角线和踢脚线看起来历经岁月，因此油漆的颜色通常为淡淡的米白色、浅蓝色、土灰粉红色或者米黄色等。

起源于英国的托阿尔（Toile）图案常见于英国田园风格的壁纸，只是英国托阿尔图案内容不同于法国托阿尔，以玫瑰花图案为主。如果墙面采用粉刷装饰，其墙顶部位则常饰以花卉图案为主的壁纸或者镂空模板粉饰，图案与墙脚图案保持统一。

（2）地面

典型的英式田园风格地面为深色实木地板并覆盖以小块地毯，即使是采用浅色木地板（如松木）也要擦深色后清漆。厨房地面常用灰色或者褐色石材铺贴，现代的板条瓷砖和传统的赤陶砖也是不错的选择。

（3）顶棚

英式田园风格的顶棚一般没有额外的装饰处理，只是呈现出原有的顶棚特征，保留原有的结构木梁，仅有的顶角线装饰也是为了与房间内其他装饰线条取得平衡。

有些英式田园家庭顶棚的正中央饰以玫瑰花结形（Ceiling Rose）石膏浮雕，其图案模仿乔治、爱德华或者维多利亚时期的流行图案。

（4）门窗

英式传统田园村舍为了充分利用阁楼空间，通常会在斜屋顶上建造起通风与照明作用的老虎窗（Dormer），又称屋顶窗。底层空间的客厅或者餐厅往往会建造凸出墙体的八角飘窗（Bay Window），并且喜欢在窗台外边设置象征着英式田园风格的花槽。漆成白色或者蓝色的百叶窗也常见于英式田园风格农舍。

英式田园风格的室内门常常为漆成白色或者擦浅褐色后清漆的普通镶板门。门、窗五金件偏爱黄铜材质胜过镀铬金属。

（5）楼梯

英式田园风格的楼梯通常采用实木打造，除了踏板与扶手经过擦深褐色后清漆处理之外，其余部分（包括栏杆与踢板）往往油漆成白色。与同样漆成白色的门扇、门套、窗套、踢脚线、顶角线和墙裙形成对应。稍讲究一点的英式田园风格楼梯还喜欢安装红色的梯毯，这样能够让实木楼梯显得更加亲切和高级。

英式田园风格也采用造型简洁的铸铁栏杆与实木扶手结合，栏杆造型让人想起威廉与玛丽时期的桌、椅腿部造型。实木栏杆式样包括车削栏杆和方形截面栏杆两种。

（6）橱柜

英式田园风格的橱柜朴实而实用，柜体和柜门一般采用擦浅褐色后清漆或者油漆成白色。吊柜顶部带有简单的檐口装饰线条，而且其顶部不接触顶棚，但是底部经常落到地柜的台面上，柜门包括实心门和玻璃门。落地地柜喜欢采用只有清漆的厚实木板作为台面，此外也常用大理石。

（7）五金

◆ 把手

英式田园风格常用蘑菇形把手，以及瓷柄拉手和鸟笼形拉手，材质大多为金属。

（8）壁炉

◆ 壁炉架

◆ 壁炉架

英式田园风格的壁炉架采用石材、砖与实木三种材质，直线造型朴素大方，没有多余的装饰。表面一般漆成白色，或者擦浅褐色后清漆处理。石砌与砖砌壁炉通常配上表面擦深褐色后清漆处理的实木壁炉架。英式田园风格常见非常简单的锻铁或者黄铜材质的网格状壁炉罩，其平面呈半椭圆形。

（9）色彩

英式田园风格的色彩普遍偏深，象征着秋天的褐色、红色、黄色与深绿色等都是英式田园风格的最爱，也许只有秋天的色彩才能衬托出英国人恋旧的情怀。英国人最喜爱、也是 15 世纪以来就成为英国国花的玫瑰一直主宰着英式田园风格织品和壁纸的花色。

热爱花园的英国人也喜欢把来自于自然界花卉的色彩装饰自己的住家，花卉色彩主要体现在床品、靠枕和椅套之上。

（10）图案

英式田园风格喜欢花卉并让它们出现在家里的任何角落，特别是壁纸、窗帘、枕套和桌布上的东方花卉图案，如菊花、樱花和牡丹等。花卉是织品的主要图案，并且常常与条纹或者方格图案搭配使用。此外还包括牡丹、无名野花、罂粟花、爬藤类花和爬墙类常春藤等；当然作为国花的玫瑰仍然是英国人的最爱，也是最能代表英式田园风格的装饰图案。

4. 软装要素

（1）家具

英式田园家具包含了许多种式样。为了满足乡村自给自足和与世隔绝的生活方式，英式田园家具更注重实用性与舒适性。家具中的坐具需要阻挡住寒风，座位下的抽屉需要储藏物品。在有限的乡村农舍空间里需要尽量利用空间储存物品，因此产生了田园风格特有的抽屉柜、角柜、碗柜和挂柜等。

英式田园家具通常采用胡桃木、桃花心木和松木制作，式样包括纺锤形竖杆和梯背形的椅子，齐朋德尔式（Chippendale）短脚柜、高脚柜、秘书桌和沙发、安妮女王式（Queen Anne）餐桌和挡风椅，以及谢拉顿式（Sheraton）沙发和桌子。诞生于 17 世纪末至 18 世纪初的英国温莎椅（Windsor Chair）是英式田园风格的标志性家具之一。诞生于 18 世纪中叶的切斯特菲尔德沙发（Chesterfield Sofa）是英式田园优雅家具当中的最高典范，常常与燃烧原木的壁炉和摆满书籍的书柜一起搭配使用。

所有英式田园风格的家具大多采用耐磨的实木制作，让人明显感觉到岁月洗涤的痕迹。为了让房间看起来更加舒适、亲切，并且更具真实感，在 1~2 张扶手椅前面常常会摆放软垫搁脚凳，这正是英式田园风格的迷人之处。沙发和安乐椅柔软、舒适，均应用软垫包裹。

英式田园风格包括了不同时期和不同式样的家具，比如东方式样、藤编家具、法式或者意大利古董家具等，这样使整个家具看起来好像祖祖辈辈传承下来。安妮女王和维多利亚风格家具都是英式田园风格的理想家具。

英式田园风格的家具常常饰以丰富多样的座套面料，其中以印花棉布为主要标志，同时也喜欢方格棉布和方格呢，此外还包括带有东方风格图案的织锦、锦缎、加光棉织物和花缎。他们喜欢采用带碎花图案或者白色沙发套来掩饰任何看起来比较现代或者成套的家具，并且在沙发套底边饰以流苏。

◆ 扶手椅

◆ 挡风椅

◆ 温莎椅

◆ 梯背椅

◆ 温莎椅

◆ 餐椅

◆ 沙发

◆ 沙发

◆ 沙发

◆ 沙发

◆ 餐桌

◆ 餐桌

◆ 靠墙台桌

◆ 边几

◆ 床头柜

◆ 松木床

◆ 黄铜床

◆ 展示柜

（2）灯饰

黄铜似乎是英国人最喜爱使用的金属，英式田园风格的典型灯饰包括以黄铜和紫铜为材质的灯笼式吊灯和铅晶质玻璃枝形吊灯、壁灯和台灯。切割水晶吊灯是英式田园房间里闪耀的光芒。

台灯往往比较有特色，常见的基座材质包括烛台造型的黄铜、状如短栏杆的实木和改造过的瓷质花瓶（特别是中式青花瓷花瓶）。

◆ 壁灯

◆ 黄铜吊灯

◆ 黄铜枝形吊灯

◆ 壁灯

◆ 黄铜枝形吊灯

◆ 桌台灯

◆ 地台灯

（3）窗饰

英式田园风格窗帘以帷幔和束带最为醒目，窗帘布料需要与沙发套、椅套或者床罩的印花棉布取得一致。它是英式田园风格中用来展示女性爱美天性的好饰品，十分注重细节并显出华丽的感觉，常常饰以轻松而又随意的流苏、褶皱、束带和垂花饰。

蕾丝窗帘是一种历史悠久、并且经久不衰的英国民间家庭用品。窗帘上经常出现的蕾丝边、褶边或者丝带常常与花卉和茶具一道起到软化装饰的作用。

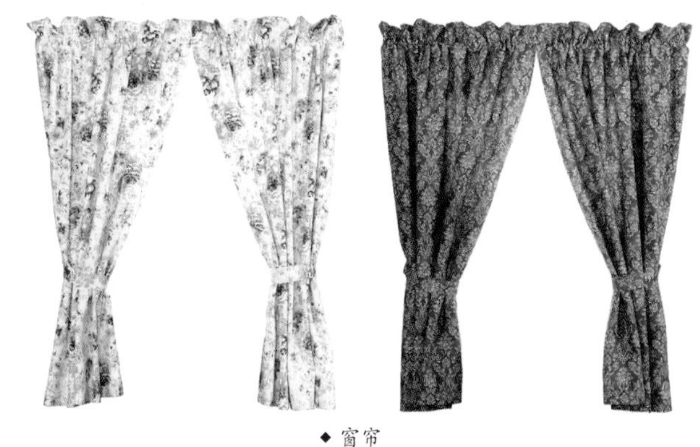

◆ 窗帘

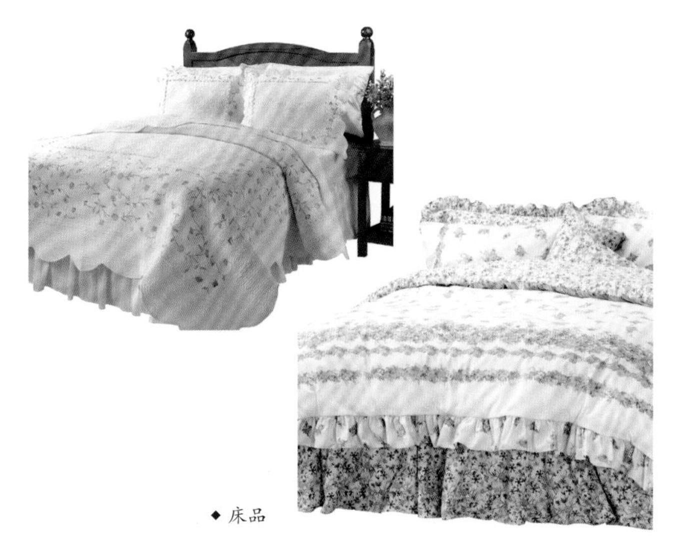

◆ 床品

（4）床饰

英式田园风格的床饰仿佛是为了打造一个花的世界，所有纺织品几乎印满各种花卉的图案。英国人的床品丰富多样，它们看起来和摸上去都非常柔软和舒适，包括床头板也往往采用软垫装饰起来，充满着温馨与浪漫的情调。

传统的英式四柱床逐渐退出了历史舞台，取而代之的是方便、实用的平板床。床裙式样包括套装式、箱形褶裥和皱褶式。从床边沿垂下的、厚厚的被子面料花色通常与床裙的花色形成深浅或者繁简对比。床头堆满了面料花色与被子一致的套枕，包括方形花边枕头、绣花抱枕、闺枕和桶形枕。

（5）靠枕

英式田园风格同样希望通过靠枕把鲜花带到房间的每一个角落。各种花卉，尤其是玫瑰花从来都是英式靠枕的主要图案，它们需要与窗帘、沙发套、椅套和床罩面料上的花卉取得协调。

除了花卉以外，红白或者绿白棋格图案的纺织品也是英式田园风格常见的靠枕面料。英式靠枕似乎并不太喜欢复杂的边饰，通常饰以绳边或者锁边线内藏，偶尔可见饰以褶皱或者流苏花边的靠枕。手工拼花或者贴花枕套也是传统英国人的靠枕式样。

◆ 靠枕

（6）地毯

英式田园风格喜欢选择小块地毯铺在沙发前和床前。小块地毯以花卉图案的波斯地毯（Persian Rug）、土耳其基里姆地毯（Kilim）、印度手纺纱棉毯（Dhurrie）或者东方地毯（Oriental Rug）为主。也可以选择奥比松地毯（Aubusson）、朴素的剑麻地毯，或者 19 世纪古典花卉图案的小块现代地毯。

地毯需要与窗帘、床品、靠枕和桌布甚至花艺取得某种内在的关联，比如拥有共同的某种色彩或者花色，这样装饰出来的房间更能够体现出英式田园风格特有的温馨与浪漫。

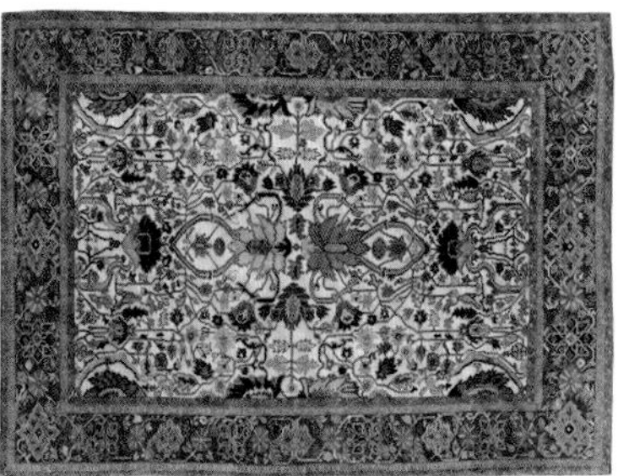

◆ 地毯

（7）墙饰

油画框几乎是英式田园风格必不可少的墙饰之一。内容多以花园或者花卉为主题，偶尔也会出现可爱的小动物如小狗，或者是家庭一角的静物写实。

由于英国人对中国青花瓷情有独钟又不愿意花太多的钱购买进口货，1790 年由托马斯 · 明顿（Thomas Minton, 1765—1836）模仿中国青花瓷而创造的蓝柳树（Blue Willow）瓷器一直深受英国人的喜爱，它们通常被展示在碗橱里或者悬挂在墙壁上，成为英式田园风格标志性的墙饰之一。

◆ 蓝柳树瓷盘

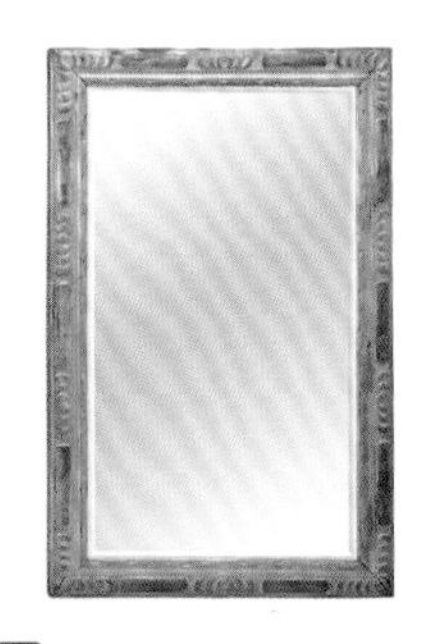

◆ 镜框

◆ 油画框

（8）桌饰

英式田园风格的室内充满着各式各样收集的小古董、木质和银质的相框，大小和形状各不相同，它们被摆放在壁炉架、边几、餐边柜和床头柜的台面上，记录并展示着家族的历史。其传统饰品包括青釉瓷器、陶瓷精品、书籍、茶具、鲜花、水晶 / 玻璃 / 陶瓷花瓶、水果盘、铅晶质玻璃、银器和大量相框等。

象征着英国悠久饮茶文化的英式下午茶茶具是英式田园风格桌饰当中相当重要的一件生活用品。一套精美的茶具代表着主人的品位，也给家庭增添了一份温暖的待客之心。

◆ 茶壶

◆ 蓝柳树奶壶

◆ 蓝柳树茶壶

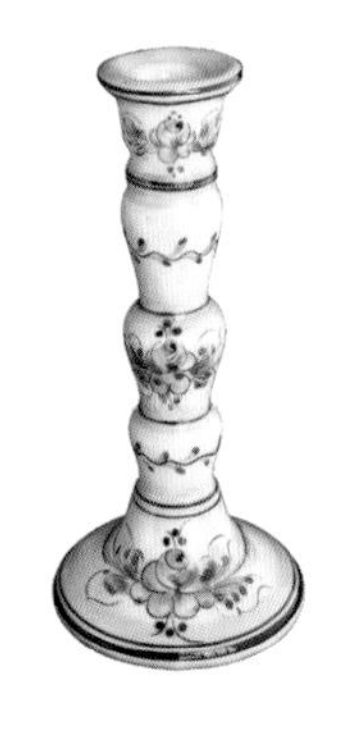

◆ 烛台

◆ 托盘

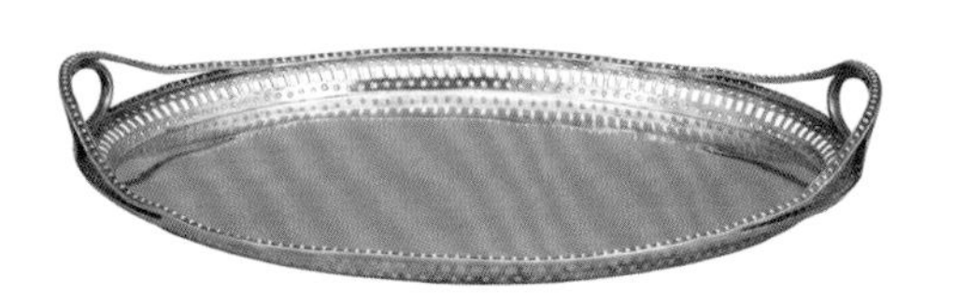

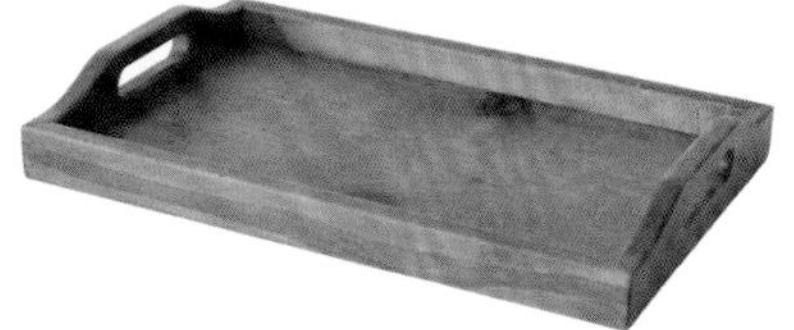

◆ 托盘

◆ 座钟

◆ 座钟

（9）花艺

花是英式田园风格必不可少的要素之一，因此花艺也是装饰的重要组成部分。英式田园风格的花卉通过纺织品、壁纸和瓷器彩绘等方式让人感到就像是生活在一片花的海洋当中。

常见的花材包括薰衣草、蓍草、银叶菊、雏菊、海石竹、虎尾草、兰花、红玫瑰、金银花、石南花、水堇和报春花等；其中红玫瑰是英式田园花卉当中最常见的花卉，也是英国的国花。

与热爱花卉风俗相呼应的是各式各样的陶瓷、金属、玻璃的花瓶或者花盆。陶瓷花瓶的造型优雅而浪漫，通常为通体白色或者浅色，表面彩绘以花鸟图案。英式田园风格的花艺注重纯朴、自然的视觉效果，感觉就像是刚刚从花园里采摘回来随意插放。

◆ 花瓶

◆ 花艺

（10）餐饰

英式田园风格的餐桌总是让人感觉像是过节一样琳琅满目、花香四溢。通常覆盖以花色或者素色的花边桌布。餐椅座面覆盖的印花棉布与窗帘面料往往协调一致。爱花的英国人在餐桌上往往摆上不止一盆花艺，周围放满各种伸手可取的食物、饮品和调味品。

英式田园风格瓷质餐具造型简洁，颜色通常为白色或者单色，边沿饰以水果或者花卉图案的浮雕。还有一种纯白底色上描绘英国乡间风光的餐具也十分具有田园情调，不过这种餐具更多用于展示而非实用。

1962 年，英国皇家阿尔伯特（Royal Albert）骨瓷将哈罗德·霍德克罗夫特（Harold Holdcroft, 1904—1982）设计的英国乡间玫瑰系列（Old Country Roses）推向市场，后来立即成为英式田园风格餐具中的新宠。特别是阿尔伯特的英式下午茶茶具，受到全世界下午茶人士的喜爱。

精美的餐盘按照大中小顺序叠放，左侧放生菜叉和主菜叉，右侧则放餐刀、甜品勺或者汤勺（注意刀锋朝内），刀叉材质包括不锈钢和银质。餐盘的左上方通常是面包盘，右上方则为茶杯。

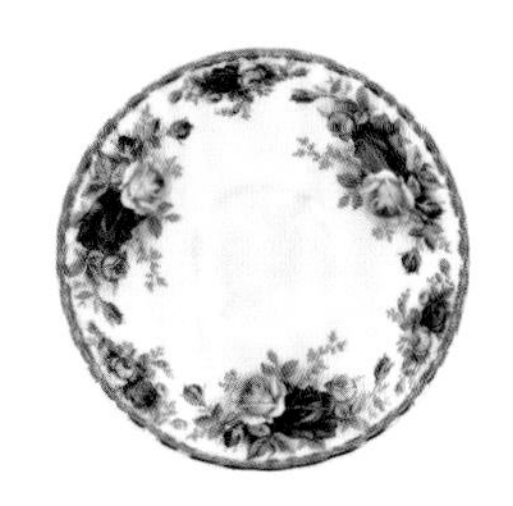

◆ 皇家阿尔伯特骨瓷

第十五章 | chapter 15

美式田园风格

American Country Style

1. 起源简介

（1）背景

1607—1733 年：1607 年英国在北美洲建立第一个英国永久性的殖民地，期间在北美洲东海岸建立了最初的 13 个殖民地。

1620 年：102 名英国清教徒乘“五月花”号帆船登上美洲。

1652—1675 年：英国从荷兰手中夺得荷兰殖民地。

1775—1783 年：美国独立战争（或称美国革命战争），1783 年签订《巴黎条约》承认美国独立。

1803 年：拿破仑一世将法国在北美中部的殖民地低价抛售给美国。

1819 年：美国从西班牙手中夺得佛罗里达。

1861—1865 年：美国南北战争

◆ 殖民时期住宅

“美式田园风格”这一名称形成于 20 世纪 20—30 年代，至 70 年代末达到鼎盛，在美国中西部的乡村住宅和曼哈顿住宅区的高层公寓里流行开来，其创作灵感主要来自于 18 世纪末殖民时期手工制作的家具和织品，这一时期的装饰风格被称之为“美国殖民风格”（American Colonial）。

美国殖民风格专指从 16 世纪第一批殖民者到达新大陆至 18 世纪美国宣布独立这段早期殖民时期所出现的各种家居式样的总称。它涵盖了英国、法国、荷兰、德国和西班牙等国殖民者从其欧洲祖国带到新大陆的家居文化，从而衍生出了今天称之为“田园”、（Country）“早期美国”（Early American）或者“新怀旧”（Shabby Chic）的装饰风格。

美国殖民风格的特征随着乡村与城镇的地理位置、人口密度、自然环境、经济条件和个人财富的不同而有所不同。在约 200 年的发展过程当中，美国殖民风格经历了从简单实用、制作粗糙到追求古典、精雕细琢的演变过程。

16—17 世纪殖民早期的家庭壁炉同时肩负着烹饪、取暖和照明的功能，家具、布料和生活用品基本采用当地木材手工制作，直至有商人出售从欧洲带来的精致家具、布料和生活用品。17 世纪晚期至 18 世纪，自然环境和生活条件都得到较大改善，更多的欧洲商品和熟练工匠来到这片土地，人们开始从来自于欧洲的最新式样获取灵感，结合本土的生活方式和设计理念，创造出独一无二的美国殖民风格。

以英国殖民者为主的美国东海岸早期殖民风格家具注重实用性，厚重、坚实，直线条，装饰少，椅背以琴形、梯形、纺锤形和实心为主，式样大多参照或者模仿都铎（Tudor）、詹姆士一世（Jacobean）和伊丽莎白一世（Elizabeth I）家具式样，晚期殖民时期家具从威廉与玛丽（William and Marie）、安妮女王（Queen Anne）和齐朋德尔（Chippendale）家具式样中汲取了众多的特征。

早期布料以自家织土布、毛绒线和条纹荷兰麻布为主，晚期主要依赖从欧洲进口的印花布，富裕家庭则购买锦缎、浮花织锦和刺绣。占据美国北部和中部的法国殖民者，以及南部的西班牙殖民者则更钟情于他们自己的传统家具式样。至于照明方式，普通家庭主要依靠木质或者铸铁烛台，富裕家庭则使用由铸铁、黄铜或者锡镴制成的蜡烛枝形吊灯。

美式田园风格以随意放松和手工制作的特点闻名天下。它汇集了美国殖民时期所有不同的式样和特点，无论偏向于何种，只需要围绕着创造一个温馨、休闲、舒适、诱人的居住环境这一目标就能轻松达成。家里的所有物品看起来都像是经过数代人的传承并积累而成，比如陶器、木雕、手工金属器皿和篮筐等。

美式田园风格离不开爱国、原始与农舍这三个主题。其中爱国主题通过星条旗、山姆大叔和自由女神等形象去体现；原始主题包括了民间艺术、流浪者艺术、怀旧广告贴、旧玻璃器皿、黄色与红色陶罐、松木家具和拼缝被子等；农舍主题则涵盖了从殖民时期到20世纪上半叶流行于乡间的带棋格、花卉和水果图案的织品和旧陶瓷等。

美式田园风格不仅仅是一种家庭装饰的式样，还代表着美国的历史以及那片由先辈开拓的土地。在与荒蛮之地斗争的过程中，他们逐渐懂得了如何与大自然融为一体，并将这种历史与精神融入到家庭的每一个角落。其传统价值观通过手工制作的家具和美国原住民的毛毯，还有各式各样当年的日用品，倍加珍惜，代代相传。

（2）人物

◆托马斯·科尔（Thomas Cole, 1801—1848）。19世纪美国著名风景画家，哈得逊河画派（Hudson River School）创始人，国家设计学院（National Academy of Design）创始人之一。其画面神奇宏伟，充满浪漫情调。代表作品包括《从格林纳看提康德罗加堡》（*View of Fort Ticonderoga from Gelyna*）、《伊甸园》（*The Garden of Eden*）、《回归》（*The Return*）和《林中小屋》（*Home in the Woods*）。

◆阿舍·布朗·杜兰德（Asher Brown Durand, 1796—1886）。19世纪美国著名风景画家，曾任国家设计学院院长。以雄伟壮丽的美国山河为创作主题，画面细致入微，生机勃勃。代表作品包括《林中》（*In the Woods*）、《知心伴侣》（*Kindred Spirits*）和《山毛榉》（*The Beeches*）。

◆乔治·英尼斯（George Inness, 1825—1894）。19世纪美国著名风景画家，笔下的风景不仅仅是再现景色，而是作者与之的心灵对话与精神交流；作品也不是简单地模仿景色，而是呈现心灵的风景。其代表作品包括《德拉瓦河谷》（*Delaware Water Gap*）、《秋天的树林》（*Autumn Woods*）、《秋天的橡树》（*Autumn Oaks*）和《冬日的早晨》（*Winter Morning*）。

◆温斯洛·霍默（Winslow Homer, 1836—1910）。19世纪下半叶美国最重要的风景画家，既现代又古朴，开创美国一代画风。霍默的绘画生气勃勃，色彩明快，将大自然美景与自我情感融为一体。代表作品包括《疾风》（*Breezing Up*）、《回家》（*Rowing Home*）、《墨西哥湾流》（*The Gulf Stream*）、《飓风后，巴哈马群岛》（*After the Hurricane, Bahamas*）和《玩槌球者》（*Croquet Players*）。

◆约翰·奥蒂斯·亚当斯（John Ottis Adams, 1851—1927）。美国印象派画家，擅长于运用明快的色调来描绘充满朝气的山谷、河流、农舍和花园，使观众情不自禁地融入到那如梦幻般的景色当中。代表作品包括《我们的村庄》（*Our Village*）、《在罂粟地》（*In Poppyland*）、《在白水河山谷》（*In the Whitewater Valley*）和《梅塔莫拉》（*Metamora*）。

◆茜斯特·帕里斯（Sister Parish, 1910—1994）。没有值得炫耀的教育背景，帕里斯因为20世纪初的经济大萧条而于1933年开始其室内装饰职业生涯。凭借鲜明的品位、独到的眼光和良好的修养，帕里斯是第一位受到杰奎琳·肯尼迪（Jacqueline Kennedy, 1929—1994）的邀请为白宫做室内装饰的设计师，并因此而名声大噪，无数的达官贵人、社会名流纷纷找她做设计。虽然帕里斯坚称她没有固定的风格，但是其一贯应用的色彩给空间注入了活力，这些色彩源自于美国自殖民时期就被广泛应用的色彩，它们带给了帕里斯无穷的设计灵感。帕里斯是美国田园风格的早期发现者和实践者，曾经被美国大众誉为“全生活女性室内设计师”。

◆玛莎·斯图沃特（Martha Stewart, 1941—）。玛莎的名字已经成为美国中产阶级家喻户晓的时尚家居代名词，被冠以“美国家政女王”的美誉。她的家居设计完整而真实，从手工、烹饪到园艺、裁剪，从节日妆扮到家庭摆设，从自己动手、现身说法到写书、编杂志、办网站、录节目，玛莎·斯图沃特的品牌形象无处不在。玛莎的设计理念主要来自于美国传统家居文化，这一理念贯穿至其所有的产品设计和室内设计之中，是美国现代田园风格的忠实保护者和探索者。

◆ 霍默的作品

◆ 英尼斯的作品

2、建筑特征

（1）布局

美式田园风格的居住建筑继承了英国和欧洲其他国家民间建筑的主要特点（包括老虎窗、前廊和八角窗等），并结合本土自然条件形成一种比较具代表性的建筑式样，不过不同区域的特征有所不同。传统的美式田园风格房屋平面基本呈长方形，带栏杆的前廊不仅与房屋等宽，而且往往绕过房角向后折转过去。八角窗常见于没有前廊或者前廊较短，并且平面布局较为复杂的情况下。房屋的四周花园以草皮为主，仅在靠近房屋的地方布置花坛或花槽。

（2）屋顶

较陡的屋面材料包括石板瓦和木板瓦，屋顶式样基本为双坡屋面和四坡屋面。屋檐出挑较浅，檩条隐藏在挡风板之后。屋面通常有多个老虎窗，偶尔可见长条形的老虎窗，即多个老虎窗并排联成一体。

（3）外墙

外墙材料常见木质护墙板和灰泥粉刷。粉刷色彩以偏暖色调的中性色彩为主，如浅黄色、浅棕色和浅褐色等。木质护墙板的颜色往往漆成与屋面木板瓦颜色一致的棕色。外墙出现的局部石砌墙体通常为烟囱。

（4）门窗

双悬窗划分很多窗格，窗框通常漆成白色，窗户两旁常常安装装饰性的木质百叶窗。大门基本为镶板木门，常见木门之外安装纱门。大门本身随着时代的变迁而留下不同风格的烙印，因此并没有一个比较统一的式样，不过通常配置侧窗和楣窗。入户大门通常有单独的门廊或者雨棚，或者建造一个宽敞的前廊。大门一般正对前廊台阶。殖民时期的房屋前廊经常放在屋后，正面反而平淡无奇。

3、室内元素

（1）墙面

美式田园风格的墙面一般涂成白色、象牙白或者中性色彩，与实木地板形成对比。谢克尔式挂钩常常点缀在白色的墙面上，墙面经常饰以简单的镂花涂装（饰带）、早期壁画或者与整体协调的普通壁纸。

美式田园风格仍然继承了源自殖民时期住宅的室内装饰特征，比如顶角线、墙裙和挡椅线的应用等，它们通常与门、窗一道被漆成白色，与中性色彩的墙面形成对比来增加空间的深度。偶尔的镶板墙面也出现于重要的房间，表面擦浅褐色后清漆，或者油漆成白色。墙面尽量简洁、干净，为家具和其他饰品提供一个更好的展示背景。

（2）地面

美式田园风格的地面铺贴材料为石材、实木地板和黏土砖等，通常会在重要部位覆盖一块钩织或者编织的小块地毯，其中以椭圆形或者圆形的传统手工棉布编结地毯（Cotton Braided Rug/Cotton Rag Rug）最具特色，脚感也非常温馨舒适。此外，赤陶砖也是美式田园风格中偏乡村风情的一种常见的地面铺贴材料。

（3）顶棚

传统美式田园风格的顶棚常常饰以深色木镶板，同时让平行木梁裸露；不过现代版的美式田园风格大多已经删除了这一传统构件，只剩下光洁的白色粉刷顶棚。

（4）门窗

◆ 木门

由于殖民时期受到英式农舍的影响，美式田园风格窗户上的木质百叶窗表现出新英格兰州的殖民风情，其门、窗套通常被漆成白色，与墙面粉刷色彩形成对比。

美式田园风格实木门的式样包括 2~6 块镶板门，镶板方式包括凸起镶板或者 V 形槽平镶板，上冒头常见平拱形。

（5）楼梯

美式田园风格楼梯栏杆式样丰富多样，基本采用实木打造。对于实木栏杆与扶手的表面或全部擦褐色后清漆，或“栏杆刷白 + 擦褐色后清漆扶手”。其中以方形和圆形截面木质栏杆最为普遍。

（6）橱柜

美式田园风格的橱柜朴实而实用，柜体和柜门表面处理包括擦褐色后清漆和油漆成白色、淡黄色、浅蓝色或者浅绿色。吊柜顶部带有非常短浅的檐口装饰线条，柜门喜欢采用玻璃门来展示餐具。落地地柜台面包括只有清漆的厚实木板和石材或者大理石。

（7）五金

◆ 铜把手

◆ 谢克尔式木把手

美式田园风格常用朴实的蘑菇形把手和头巾形拉手；材质包括实木、镀铬金属、镀镍金属和陶瓷。

（8）壁炉

美式田园风格的木质壁炉架式样大多为简洁、朴实的直线型，并且带有乔治风格的特征（如壁炉两侧有 1~2 根立柱升起），上横板常常饰以浅浮雕或者如檐口般带齿形的装饰线条；表面通常漆成白色或者擦浅褐色后清漆。

美式田园风格壁炉的建造材料本身往往成为视觉焦点，常见砖砌壁炉与无表面处理的实木壁炉架搭配；其壁炉架可能来自于一块废弃的谷仓门框或者是残余部分。美式田园风格的锻铁壁炉罩如英式田园壁炉罩一样大多呈朴实的单片造型，中间镶嵌金属网，并且饰以少量图形（如涡卷形或者菱形等）。

（9）色彩

美式田园风格的色彩总是围绕带有新国家象征意义的红色、白色和蓝色来展开，其中一种色彩作为主打色，另外两种色彩作为点缀色。例如选择蓝色沙发和椅子座套，选择白色背景墙面与之对应，而红色靠枕或者窗帘则作为点缀，同时融入木质家具、铁艺灯具和陶瓷器皿等来完成整体。不过这里的色彩均指柔和的色彩，非鲜艳、醒目的色彩。

（10）图案

美式田园风格的图案均来自于大自然，例如鸟类、植物和动物等。苹果代表着美式田园风格的文化符号，常出现于织品、茶杯、挂衣架、饼干罐、咖啡杯、托盘、瓦罐、座钟和台灯等物品之上，当然它更适合出现在厨房和餐厅里。公鸡与母鸡代表着美国早期移民生活的一部分，常出现于餐具架、餐盘、壁纸饰边、盐与胡椒瓶、茶与乳酪罐等物品的表面。

生锈的五角星形和心形也是美式田园风格的标志性符号，被漆成绿色、蓝色和红色的谷仓五角星形常用来装饰空间，饰以五角星形和心形的水桶、挂衣架和拼花被子象征着美国的传统精神与力量。此外，五角星形与条纹的结合则因为象征着这个新国家的诞生而在美式田园风格的家庭里随处可见。此外，红白或者蓝白色彩相间的细方格图案几乎成为美式田园风格织品的代表性图案。

4. 软装要素

（1）家具

早期美国殖民者的生活简朴而又艰难，由于壁炉需要肩负着取暖、烹饪和照明的三重功能，故家居生活几乎均围绕着壁炉来展开。能够阻挡住冬日里的寒风是家具的首要考虑因素，因此挡风椅成为美式田园家具当中的代表之一。此外，继承英国田园家庭喜欢收集古董的传统成为美式田园家具的特点，各式各样用于储藏的家具也是美式田园家具的重要种类，例如果酱柜（Jelly Cupboard）和馅饼柜（Pie Safes）等。

随意的美式田园家具特征包括藤编扶手椅、木质摇椅和以色彩鲜艳的织布制作的靠枕套。正式的美式田园风格特征包含了不同风格的木质家具，比如加拿大式（Canadian）、宾夕法尼亚荷兰式（Pennsylvania Dutch）、谢克尔式（Shaker）和美国民间（American Folk）式样等，它们的表面通常油漆成红色、白色、蓝色、黑色或者深红色，并且带有明显磨损的痕迹，高靠背扶手椅和沙发通常饰以加厚软垫。

大约于1730年传入美国的英国温莎椅（Windsor Chair）很快作为美国乡村家居中的餐椅、边椅、写字椅和高脚椅而普及开来，只是美国版的温莎椅比之英国版更简化了一些，最后成为美式田园风格标志性的家具之一。

◆ 餐椅

◆ 餐椅
◆ 温莎椅
◆ 摇椅
◆ 扶手椅
◆ 挡风椅
◆ 边几
◆ 沙发
◆ 餐桌
◆ 餐桌

◆ 咖啡桌

◆ 餐边柜

◆ 抽屉柜

◆ 毛毯箱

◆ 抽屉柜

◆ 床头柜

◆ 储藏柜

◆ 床头柜

◆ 床具

◆ 床具

◆ 角柜

（2）灯饰

受英式田园风格的影响，美式田园风格灯饰也喜欢应用黄铜材质制作；另一方面，殖民时期受法国与西班牙灯具的影响，美式田园风格也常见铁艺灯具。其台灯的材料以陶器、紫铜或者木材为主；吊灯的材料以锻铁、锡或者紫铜为主，它们包括灯笼式吊灯或者枝形吊灯。

美式田园风格吊灯的造型十分简单，表现为卷曲的悬臂，蜡烛形的灯泡和马灯形玻璃灯罩等特点。

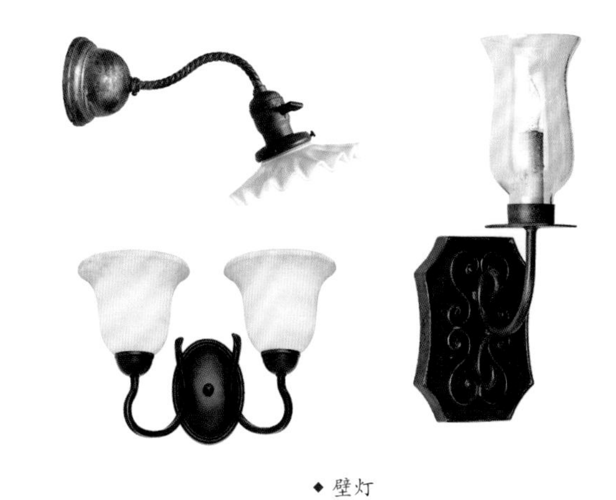

◆ 壁灯

◆ 枝形吊灯

◆ 桌台灯

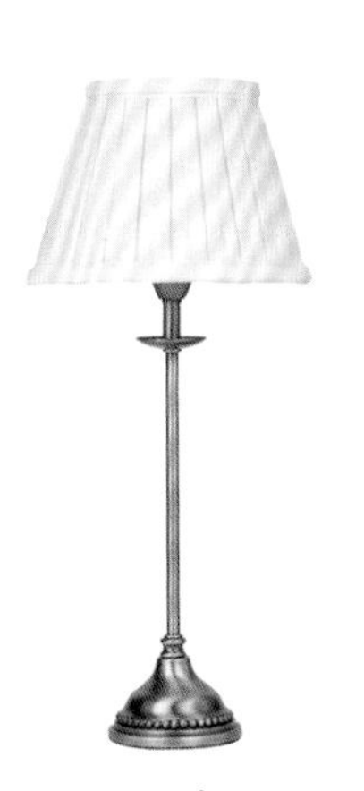

◆ 桌台灯

（3）窗饰

美式田园风格窗帘布料以粗麻布、麻布和纯棉布为主。织品强调耐用性和实用性，拒绝过度的柔软和过多的褶皱与花边。窗户往往没有特别处理，木质窗帘杆配上简单白色并且饰以褶裥花边的吊带式窗帘，窗帘面料通常为印花布、红白相间的方格布或者手织亚麻布。

窗户装饰常用帷幔式样，包括直线型（Straight Valance）、多层成形（Shaped & Layered Valance）、倒三角形（Single Point Valance）和半截帘（Tier Curtain）等；垂花饰式样包括草原褶皱式（Prairie Gathered Swag）、鱼尾式（Fishtail Swag）和田园式（Country Swag）等。

蕾丝常用于半截帘或者薄纱帘。铁艺窗帘杆式样包括锻铁杆（Wrought Iron Rod）、铸铁张力杆（Tension Rod）、装饰性锻铁杆（Decorative Curtain Rod）和鱼尾状垂花饰挂钩（Fishtail Swag Hook）等。

美式田园风格窗饰常见一种流行于 19 世纪末至 20 世纪初的普里西拉窗帘（Priscilla Curtain），因其带有较宽褶皱花边而散发出迷人、温馨而又浪漫的气质，面料采用白色或者浅色薄纱、平纹细布和蕾丝等，花边通常采用相同布料、不同布料或者蕾丝，常用于装饰厨房、浴室和女孩卧室。

◆ 帷幔

◆ 窗帘

（4）床饰

拼花与贴花被子是美国传统床饰中的重要部分，它不仅作为床罩或者被子，也经常搭在沙发或者扶手椅上进行取暖；它还可以作为艺术品挂在床头或者沙发背后的墙面上。象征爱国主义的红蓝色调星形和条纹图案经常出现于美国传统拼花床品中。

◆ 床品

（5）靠枕

美式田园风格靠枕通常没有边饰。在白棉布或者亚麻上手工刺绣、贴花以及拼花都是美式田园风格的传统靠枕式样。刺绣或者贴花内容一般为心形、花卉、鸟类、农舍、星形和条纹等，此外，红白相间的棋格图案也很常见。

传统美式田园风格不仅应用靠枕，而且冬季会为餐椅制作圆形或者方形软坐垫，即将靠枕用布条绑在餐椅上。

◆ 靠枕

（6）地毯

圆形、长椭圆形、方形和长方形编结布条地毯（Braided Rug）是美式田园风格标志性的传统地毯，它们通常布置在使用频繁的区域（如门厅、过道和客厅等）。

比较现代感的横条纹或者竖条纹平织棉地毯因为尺寸较小而常应用于局部区域（如浴缸前或者床具前）。单色的平织棉地毯因为尺寸较大而常应用于客厅沙发前。钩针编织地毯（Hooked Rug）因尺寸、形状和图案丰富而常应用于走道、床前、前门和后门等地面。

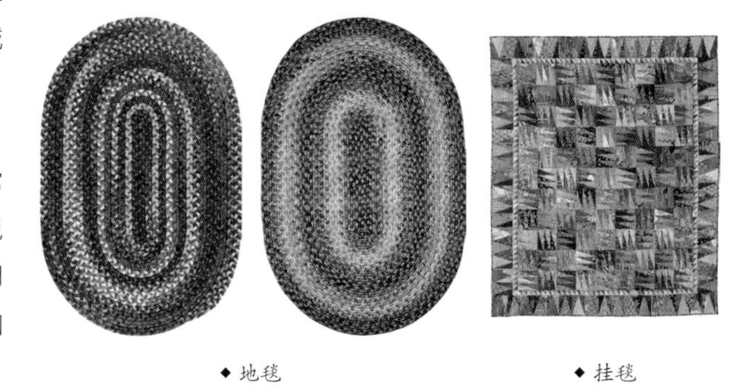

◆ 地毯　◆ 挂毯

（7）墙饰

美式田园风格的墙饰充满着美国民间手工艺的杰作，包括迎接牌、挂钟、拼花被、招贴画和油画等。迎接牌是传统手工制作的木牌，采用油漆粉刷并描绘出表达欢迎回家或者客人造访的门牌。油画内容基本以群山、海景、帆船、树林、狗、马、水果和花卉为主题。

手工打造的木质镜框也是传统墙饰之一，特别是谢克尔式镜框造型简洁，木框表面擦褐色后清漆处理。象征爱国主义的红色油漆木质立体五角星常用于美国家庭墙面装饰。

◆ 挂钟　◆ 镜框

◆ 镜框

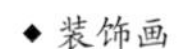

◆ 装饰画

◆ 装饰画

（8）桌饰

美式田园风格的每一件桌饰似乎都在述说着一个遥远的故事。旧式座钟，带金属螺盖的玻璃瓶，柳编篮筐、公鸡塑像、微型风车模型、手工油漆的国际象棋或者西洋跳棋棋盘、木制匾额和风向标等都是美式田园风格独有的装饰要素。

过去的日用品到今天几乎都成了装饰品，特别是对于早期的殖民者来说，廉价与实用是考虑的首要因素。带玻璃灯罩的油灯比烛台在新大陆的应用范围更为普及，陶器比瓷器的应用范围也更为广泛。

由于濒临大西洋的新英格兰地区开拓者逐渐移居至美国各地，因此与海有关的物品也演变成为美式田园风格的典型饰品，比如灯塔、瓶中船、渔网、雕刻的岸鸟与诱饵、贝壳、船锚和灯笼等；当然一张发黄破旧的航海地图，是对这个伴海而生的民族最好的诠释。

◆ 篮筐

◆ 帽盒

◆ 托盘

◆ 陶罐

◆ 油灯

◆ 烛台

◆ 烛台

◆ 针线盒

◆ 座钟

（9）花艺

源自大自然的灵感随处可见：花环、窗饰、百花香（干燥花瓣）和鲜花插花等。除了鲜花、水果，无论是新鲜、干燥或者人造的，均象征着田园生活的情调与氛围。那插在旧牛奶壶里的野花或者干燥花，葡萄藤编织的花环，让人不禁联想起百年前的艰难岁月。

美式田园风格的常用花材包括玫瑰花、山茶花、绣球花、金盏菊、金樱子、杜鹃花、牡丹、向日葵、波斯菊、紫丁香、丝兰花和康乃馨等；其中玫瑰花作为美国国花而常见于家居空间。

早期殖民者很少有时间侍弄花园，而且花园里种植的也多半是些香草和药草。安顿下来后才开始在房间里布置花艺，他们将野花、谷物和绿草插在陶器、锡镴或者铜壶等坛坛罐罐当中。殖民时期的美国人继承了英国人热爱花园的传统，但是似乎并不讲究花器的材质与造型，任何生活用品皆可作为花器使用。

◆ 花环

◆ 花艺

◆ 花瓶

◆ 花艺

（10）餐饰

美式田园风格的餐饰随意而轻松，除非餐桌表面不够漂亮，餐桌一般不铺桌布，如果选择桌布则选用手工编织的亚麻或者棉布桌布。餐桌的正中央摆上一个老式的长方形浅底木条粗篮，里面塞满从花园里采摘下来的鲜花与绿色植物。

美国人的传统餐桌上摆满各种食物，每个人自己动手、各取所需。不过今天的餐桌上通常会在餐盘下放一块餐垫，亚麻还是丝绸餐垫代表着是普通还是正式的餐饰，但无论何种情况都会先铺上一块桌布。

瓷质餐具造型简洁，颜色通常为白色或者单——陶质餐具表面则经常饰以玫瑰花等图案。餐盘的左右两侧均不会摆上超过三件刀叉，摆放的原则遵循由远及近的顺序，先用到的放在离餐盘最远处，。

通常在餐盘的左侧摆生菜叉和主菜叉，右侧放餐刀、甜品勺和汤勺(注意刀锋朝内)。餐盘的上方根据需要摆放饮料杯、葡萄酒杯和水、茶或者咖啡杯。

◆ 刀叉

◆ 茶杯

◆ 餐具

参考文献 | Reference

[1] Stephen Calloway, Elizabeth Cromley. The Elements of Style [M]. New York: Simon & Schuster, 1991.

[2] Sandra and Laurel Seth. Adobe — Homes and Interiors of Taos, Santa Fe and The Southwest [M]. New York: Taylor Trade Publishing, 2012.

[3] David M. Cathers, Alexander Vertikoff. Stickley Style: Arts and Crafts Homes in the Craftsman Tradition [M]. New York: Simon & Schuster Adult Publishing Group, 1999.

[4] Stafford Cliff. English Style and Decoration: A Sourcebook of Original Designs [M]. London: Thames & Hudson, 2008.

[5] Meredith. Great Country French Style [M]. Boston: Houghton Mifflin Harcourt, 2006.

[6] Treena Crochet. Colonial Style [M]. Newtown: The Taunton Press, Inc., 2005.

[7] Rubena Grigg. Antique Style: Thirty-Five Step-by-Step Period Decorating Ideas [M]. Guilford: The Globle Pequot Press, 2003.

[8] Cathering Haig. Mediterranean Style: Relaxed Living Inspired by Strong Colors and Natural Materials [M]. New York: Abbeville Press, 1998.

[9] Kate Hill. Spanish Style [M]. New York: Merrell Publishers, 2009.

[10] Shannon Howard. Southern Rooms II: The Timeless Beauty of the American South [M]. Beverly: Quarry Books, 2005.

[11] Young Mi Kim. Neoclassical [M]. New York: Sterling Publishing, 1998.

[12] Judith Miller. Classic Style [M]. New York: Simon & Schuster, 1998.

[13] Phyllis Richardson. Living Modern: The Sourcebook of Contemporary Interiors [M]. London: Thames & Hudson, 2010.

[14] Leah Rosch. American Farmhouses: Country Style and Design [M]. New York: Simon & Schuster Adult Publishing Group, 2002.

[15] Michael Smith. Michael Smith: Elements of Style [M]. New York: Rizzoli, 2005.

[16] Penny Sparke. The Modern Interior [M]. London: Reaktion Books, Limited, 2007.

[17] Angelika Taschen. Tuscany Style [M]. New York: Taschen America, LLC, 2003.

[18] Henrietta Spencer-Churchill. Georgian Style and Design For Contemporary Living [M]. New York: Rizzoli, 2008.

[19] Elizabeth Wilhide. Bohemian Style [M]. New York: Watson-Guptill Publications, 1999.

[20] Martin M. May. Victorian Decor [M]. Atglen: Schiffer Publishing Ltd, 2001.

[21] Patricia Bayer, Alain-Rene Hardy. Art Deco Interiors: Decoration and Design Classics of the 1920s and 1930s [M]. New York: Thames & Hudson, 1998.

[22] Lisa Lovatt-Smith, Angelika Taschen(Editor). Moroccan Interiors [M]. New York: Taschen America, LLC, 1997.

[23] Rachel Ashwell. Shabby Chic [M]. London: HarperCollins Publishers, 2011.

[24] Rosalind Burdett, Rasalind Burdett. Essential Scandinavian Style [M]. London: Cassell P L C, 1996.

[25] Katherine Sorrell. Retro Home [M]. New York: Merrell Publishers Ltd, 2012.